KB209990

과학자, 인간의 과학사

과학자, 인간의 과학사

초판 1쇄 2024년 12월 24일
지은이 최성우
편집기획 북지육림 | **디자인** 페이지엔 | **종이** 다올페이퍼 | **제작** 명지북프린팅
펴낸곳 지노 | **펴낸이** 도진호, 조소진 | **출판신고** 2018년 4월 4일
주소 경기도 고양시 일산서구 강선로 49, 916호
전화 070-4156-7770 | **팩스** 031-629-6577 | **이메일** jinopress@gmail.com

ISBN 979-11-93878-16-3 (03400)

한 컷 교양 과학 시리즈 ③
과학자,
인간의
과학사
최성우 지음

서문

'과학이란 무엇인가?'라는 물음에 대하여 '과학자들이 하는 일'이라는 답변이 있다. 동어반복의 우스갯소리가 아니라 저명한 학자가 실제로 내린 과학의 정의이다. 최근 각광받는 과학기술학의 이른바 행위자 네트워크 이론에서도, 인간 행위자인 과학자가 매우 중시되기는 마찬가지이다. 즉 과학이란 인간 세상과 동떨어져 초월적으로 존재하는 것이 아니라, 다른 분야와 마찬가지로 사람이 하는 일이라는 의미이다.

이번 책은 여기에 초점을 맞추어 집필하였다. 즉 과학기술을 연구하는 주체들인 과학자 및 기술자의 인간적 모습을 포함한 이모저모를 살펴봄으로써, 과학 역사에서 또 다른 중요한 단서와 교훈을 얻고자 한다. 그리고 이를 통하여 바람직한 과학기술자상을 정립해나가는 데에도 보탬이 되고자 한다.

아직도 우리 사회에서는 과학자라 하면 세상물정에 어둡거나 속세와 거리를 두면서 외롭게 연구에만 골몰하는 사람이라는 이미지가 적지 않다. 물론 이 책에 나오는 과학자 중에서도 그런 은둔자나 기인에 가까운 이들이 없지 않으나, 거대 자본과 막대한 연구개발비가 투입되고 수많은 과학기술자가 함께하는 조직적 연구개발이 빈번한 오늘날, 이러한 선입견과 편견은 불식되어야 마땅하다.

1부 '불운의 과학자, 잊힌 과학자'에서는 뛰어난 능력에도 불구하고 당대에 인정받지 못한 과학자, 또는 여러 가지 이유로 불우하게 지냈거나 비극적으로 생을 마친 이들에 대해 서술하였다. 그들의 불행과 관련이 깊은 당시의 시대적 배경과 사회적 상황 그리고 과학기술 발전사를 함께 살펴보고 시사하는 바를 찾는다. 오늘날에도 이와 같은 일이 반복되지 않도록 하자는 취지이다.

2부 '스스로 생을 마감한 과학기술자들'에서는 안타깝게도 스스로 세상을 등진 과학기술자들에 대해 알아보았다. 이들 또한 불행과 비극의 사례이지만 그 원인이 단순히 개인적 사유에만 있지는 않다. 극단적 상황으로 몰고 간 것이 무엇인지 그리고 그와 밀접한 과학기술사의 여러 단면을 고찰해보았다.

3부 '과학자의 가족들'에서는 형제나 남매, 부자(父子) 등이 함께 과학자로 활동했던 경우, 또는 유명 과학자의 아내나 딸, 어머니 등에 대해 서술하였다. 애틋한 가족애를 포함하여, 과학자들 또한 타 분야 인물들과 크게 다를 바 없는 사람임을 깨달을 수 있을 것이다.

4부 '과학자의 뒷모습'에서는 과학기술자들의 어릴 적이나 학창 시절의 모습 그리고 스승이나 정치인 등 다양한 역할을 했던 과학자의 면모를 살펴보았다. 역시 과학자들의 인간적 모습과 아울러 사회적 요구에 순응하거나 갈등하는 모습 등 과학자의 다양한 이면을 알 수 있다.

이번 책에서는 아무래도 인간으로서의 과학자에 초점을 맞추었다. 그러다 보니 사생활이나 개인적 이야기를 상당 부분 소개할 수밖에 없었다. 그러나 단순히 재미난 에피소드나 호사가를 위한 소재를 제공하는 것은 이 책의 주목적이 아니다. '한 컷 교양 과학 시리즈' 1편 『진실과 거짓의 과학사』, 2편 『발명과 발견의 과학사』에 이어 3편인 이 책 역시 현재와 과거 사이의 끊임없는 과학적 대화를 통하여 여러 교훈을 얻고 미래를 향한 실마리를 찾고자 하는 의지는 마찬가지이다.

현장 과학기술인들이 자발적으로 결성한 단체인 한국과학기술인연합(SCIENG)에 내가 합류하여 활동한 지 벌써 20년이 지났다. 근래에는 예전과 같은 활발한 모습을 보여주지 못하고 있어 아쉬운 느낌이 크다. 자화자찬일지 모르겠으나 그래도 내가 이 단체의 공동대표와 운영위원으로 일하면서 우리 과학기술계에 기여한 바가 있다고 본다. 그중 이공계 학생을 포함한 젊은 과학기술인들의 정치적, 사회적 각성과 대내외적 인식 전환이 큰 부분이라고 생각한다.

과학기술인들 역시 다른 직장인들과 다르지 않은 생활인이며, 연구개발(R&D)에는 공공 분야이든 민간 분야이든 크든 작든 비용이 투입되는 것이 필수이다. 따라서 과제를 따오거나 프로젝트를 주도해야 할 대학교수나 리더의 위치이든, 함께 참여하는 연구원이나 대학원생이든, 연구 능력 못지않게 원만한 사회성과 리더십, 협력과 의사소통 능력도 함께 갖추어야 할 덕목이다. 특히 학문 분야 간 연구(Interdisciplinary study) 및 융합 연구가 갈수록 중시되는 오늘날에는 더욱 그렇다. 또한 '과학기술인의 권익 향상'도 남이 가져다주는 것이 아니라, 과학기술인이 주체적으로 자신의 몫을 찾아야 한다는 사실도 스스로 깨달아야 한다.

이 나라에서는 입시 철마다 최우등 학생들이 의과대학으로 몰려간 지 오래되었다, 이러한 심각한 이공계 기피 현상에, 이 책에 나오는 일부 불행한 과학기술자들의 사례가 혹시라도 영향을 끼칠지 모르겠다는 노파심도 없지 않다.

그러나 손바닥으로 하늘을 가릴 수는 없다. 도리어 성공 사례든 실패 사례든 과학기술자의 과거 여러 모습을 똑바로 직시하면서 그 현재적 의미를 되살릴 수 있다면, 우리 과학기술의 미래를 보다 밝게 할 수 있다고 믿는다.

이번 책을 내는 동안에도 여러 직간접적 도움과 조언을 주신 선후배와 친구, 각계의 지인 등 많은 분께 감사드린다. 이 책과 시리즈를 기획하고 편집, 출판을 위해 수고하신 도진호 대표님을 비롯한 출판사 관계자분들께도 고맙다는 말씀을 드리고자 한다.

늘 곁에서 이해하고 격려해준 아내와 아들에게도 고마운 마음을 전하며, 이 책에 나오는 어느 과학자의 어머니 이상으로 내게 희생과 헌신을 다하신 어머님의 영전에 이 책을 바친다.

2024년 12월

최성우

차례

서문 4

(1부) 불운의 과학자, 잊힌 과학자

요절한 수학자 아벨과 갈루아 14
최초의 여성 수학자 히파티아의 비극 22
이공계 대체복무제를 낳은 모즐리의 전사 28
상용화에 실패한 증기기관차의 선구자 트레비식 34
고무에 미친 인간 굿이어 40
재주는 곰이 넘고…… 48
단두대의 이슬로 사라진 라부아지에 56
유나바머는 왜 폭탄테러를 감행했나? 64

(2부) 스스로 생을 마감한 과학기술자들

노벨화학상도 손색없는 나일론의 발명자 캐러더스 72
통계역학의 창시자 볼츠만 80

프랑스대혁명 와중에 날아간 르블랑의 소다 공장 88
대기업과의 경쟁에서 밀려난 암스트롱 94
끝내 좌절된 증기선의 꿈 102
일본판 황우석 사건의 비극적 결말 108
캄머러는 정말 산파 두꺼비 표본을 조작했을까? 114

(3부) **과학자의 가족들**

기구를 발명한 형제 과학기술자 124
천왕성을 발견한 남매 명콤비 130
대를 이은 과학자들 136
과학자의 아내들 144
유명 과학자들의 로맨스 152
과학자의 어머니 160
딸과 애틋했던 과학자들 166
어머니 못지않았던 퀴리 부인의 딸 172

(4부) 과학자의 뒷모습

과학자는 별난 사람일까? 182
영화에 비친 수학자의 모습 188
10대 소년의 놀라운 발견들 194
스승으로서의 과학자 202
과학계의 청출어람 208
학교에서 쫓겨난 과학기술자들 216
정치인으로서의 과학자 222
두 얼굴의 과학자 하버 230
하이젠베르크는 핵개발을 고의로 지연시켰을까? 238
원자폭탄과 수소폭탄의 아버지들 246

참고 문헌 255

(1부)

불운의 과학자, 잊힌 과학자

결투로 짧은 생을 마친 갈루아(15세 때의 초상)

요절한 수학자 아벨과 갈루아

역사상 중요한 업적을 남긴 과학자 중에는 안타깝게도 젊은 나이에 세상을 떠난 인물도 적지 않다. 특히 비슷한 시기에 20대 나이로 요절한 천재 수학자 아벨(Niels Henrik Abel, 1802-1829)과 갈루아(Evariste Galois, 1811-1832)는 여러모로 닮은 점들이 많다. 이들 두 수학자는 '일반적인 5차 이상의 방정식은 대수학적 방법으로는 풀 수 없다'는 점을 증명한 것을 비롯해서 많은 업적을 남겼으나, 불우하게도 생전에는 거의 인정을 받지 못하였다.

수학 교과서에서 '방정식'은 초등학교부터 대학에 이르기까지 두루 접할 수 있다. 1차 방정식은 초등학생들도 어럽지 않게 풀이할 수 있을 것이고, 중학교 수학 교과서에는 2차 방정식의 근의 공식이 나온다. 수학의 역사에서 2차 방정식을 풀이하는 방법은 비교적 오래전부터 연구되었는데, 중세시대에 인도와 아라비아에서 해법이 완성되었다.

3차, 4차 방정식의 해법은 이후 이탈리아의 수학자들을 중심으로 연구가 진척되어, 타르탈리아(Niccolo Tartaglia, 1499-1577)와 카르다노(Girolamo Cardano, 1501-1576)에 의해 3차 방정식의 근의 공식이 확립되었다. 또한 카르다노의 제자인 페라리(Lodovico Ferrari, 1522-1565)는 '페라리의 해법'이라 불리는 4차 방정식의 풀이 방법을 발견하였다.

그 후 수학자들은 5차 이상의 방정식도 풀어내려는 노력을 지속하였으나, 19세기에 이르기까지 아무도 해법을 발견할 수 없었다. 결국 5차 이상 방정식은 일반적으로 대수학적 방법으로는 풀 수 없다는 사실이 알려졌는데, 이를 증명한 사람이 아벨과 갈루아이다.

1802년 노르웨이 남쪽 지방에서 목사의 아들로 태어난 아벨은 중학교 때부터 수학에 흥미를 가졌고 대학 시절 뛰어난 재능을 보였다. 그러나 18세 때 부친이 세상을 떠나고 가난 속에서 어머니와 어린 동생들을 돌보면서 장학생으로 힘들게 공부하였다.

아벨은 22세의 젊은 나이에 위의 5차 방정식에 관한 논문을 비롯해서 여러 업적을 내었으나, 코시(Augustin Louis Cauchy, 1789-1857), 가우스(Karl Friedrich Gauss, 1777-1855) 등 당대의 저명 수학자들은 여러 이유로 그의 연구 성과에 관심을 기울이지 않았다. 불운 속에서도 연구를 계속하던 그는 가난과 과로로 폐결핵이 심해졌고, 결국 1829년에 27세의 아까운 나이로 세상을 떠나고 말았다.

프랑스 태생의 갈루아는 경제적인 고생은 비교적 겪지 않았으나 역시 중학교 때부터 수학에 뛰어난 재능을 보였다. 그러나 너무 수학에만 몰두하고 성격이 불같아서 다른 사람들의 비난을 자주 들었고, 교사와 언쟁하는 일도 많았다고 한다.

갈루아 역시 어린 나이에 중요한 논문들을 제출하였으나 묵살 당하기 일쑤였고, 부친의 자살 등 개인적 불행이 겹치자 혁명운동에 열중하기도 하였다. 갈루아는 한 여인과 사랑에 빠졌는데, 그녀의 약혼자를 자칭하던 남자에게 결투 신청을 받았다. 이는 반대 세력이 갈루아를 없애려고 꾸민 함정이었다는 설도 있다. 아무튼 그는 권총 결투를 승낙하였고, 결국 상대방의 총에 맞고 1832년 5월 31일에 20년 7개월의 짧은 삶을 마감하였다.

아벨과 갈루아는 젊은 나이에 세상을 떠난 천재 수학자라는 점 외에도 공통점이 매우 많다. 논문 심사 등을 맡았던 당대의 저명한 수학자들로부터 외면을 받았는데, 특히 코시는 두 사람 모두와 악연이 있다.

아벨은 5차 방정식 해법에 관한 연구 결과를 출판하려 했으나, 논문이 너무 어려워서인지 지원해주는 교수들이 없었다. 할 수 없이 자비로 출판하였으나, 경비를 아끼기 위해 내용의 많은 부분을 압축해야 했다. 이로 인하여 더 어려운 논문이 되고 말아서, 제대로 알아주는 수학자가 없었다. 흔히 '수학의 왕'이라 불리는 당대의 저명한 수학자 가우스조차 그냥 웃어넘기고 말았다고 한다. 아벨은 또한 1826년에 타원함수에 관한 중요한 논문을 써서 파리과학아카데미에 제출하였으나, 심사위원인 코시가 논문을 읽지도 않고 팽개쳐두는 바람에 생전에 제대로 인정받을 수 없었다.

갈루아 역시 방정식론에 관한 논문을 파리과학아카데미로 보냈으나, 심사를 맡았던 코시가 논문 원고를 분실했다.

그는 이후에 다시 논문을 제출하였으나 이번에는 심사위원이던 푸리에(Jean Baptiste Joseph Fourier, 1768-1830)가 논문을 읽으려고 집으로 가져갔다가 갑자기 죽는 바람에 거듭 논문 원고가 행방불명되고 말았다.

두 수학자 모두 사망한 후에야 인정을 받게 되어 더욱 주위를 안타깝게 만들었다. 아벨이 폐결핵으로 세상을 떠난 지 이틀 후, 그의 집에는 베를린대학의 정식 교수로 채용한다는 초청장이 배달되었다. 또한 비슷한 시기에 타원함수에 관하여 연구했던 독일의 야코비(Karl Gustav Jacobi, 1804-1851)는, 자신보다 앞서서 아벨이라는 수학자가 파리 과학아카데미에 비슷한 논문을 제출했다가 묵살되었다는 사실을 알고 의분을 느껴서 파리로 찾아가 항의하였다.

파리과학아카데미가 놀라서 찾아보니, 아벨의 논문은 벽장 구석에 2년간 방치되어 있었다고 한다. 과학아카데미에서는 이 논문을 예회에서 낭독하기로 하고, 야코비의 논문과 함께 그랑프리를 수여하기로 결정했으나, 아벨은 이미 이 세상 사람이 아니었다.

갈루아는 결투를 앞둔 전날 밤, 자신이 죽을 것을 예견하고 친구인 슈발리에(Auguste Chevalier, 1809-1868)에게 편지를 썼다. 연구 결과를 유서로 쓴 그의 편지에는 군(群)의 개념을 써서 방정식을 대수적으로 풀기 위한 조건 등 숱한 중요한 내용들이 포함되어 있었고, 이를 발표해서 야코비와 가우스에게 의견을 물어달라는 부탁으로 마무리되어 있었다. 그 편지의 내용은 14년 후 프랑스의 수학자 리우빌(Joseph Liouville, 1809-1882)에 의해 발표되어 큰 빛을 발하였다.

또한 두 수학자 모두 후대에 커다란 영향을 미쳤다. 갈루아가 대수방정식의 풀이 과정에서 도입한 군론(群論, Group theory)은 오늘날 수학뿐 아니라 물리학, 공학 등에서도 널리 응용, 연구되는 중요한 것으로서 통신이론, 암호학 등 각종 첨단 과학기술도 이와 관련이 깊다.

갈루아의 연구를 계승하여 후대에 갈루아 학파로 불리는 연구자들이 생겨났고, 갈루아의 정수론 역시 현대 대수학을 비롯하여 신호처리, 암호이론 등에 응용되고 있다. 아벨 또한 '아벨방정식', '아벨의 정리', '아벨의 적분' 등 그의 이름을 딴 많은 수학용어들이 지금도 사용되는 등, 현대 수학에서 중요한 위치를 차지하고 있다. 아벨 탄생 200주년인 2002년에는 그의 이름을 딴 '아벨상'이 제정되어, 이듬해인 2003년부터 해마다 수상자를 배출하면서 노벨상이 없는 수학 분야에서 중요한 상으로 자리를 잡아왔다.

물론 '수학계의 노벨상'으로 불리는 것으로서 4년마다 한 번씩 40세 미만의 젊은 수학자들에게 수여되던 필즈 메달(Fields Medal)이 예전부터 있었다. 그러나 필즈 메달은 상금이 1만 달러 정도로서 명예에 비해 상금 액수는 매우 적은 반면에, 아벨상의 상금은 노르웨이 화폐로 600만 크로네로서 노벨상의 거의 반 이상인 수준이다.

최초의 여성수학자로 꼽히는 히파티아의 초상

최초의 여성 수학자 히파티아의 비극

꽤 오래전에 상당히 유명한 국내 수학자 한 분이 어느 잡지에 쓴 '여성이 수학을 못하는 이유'에 대한 글이 은근히 여성의 능력을 비하했다고 해서 여성 과학자들이 분개한 적이 있다. 나의 학창 시절 즈음에는 일선 학교의 수학 선생님들은 여학생들의 수학 성적이 남학생들보다 떨어진다는 이야기를 자주 하곤 하였다. 남녀공학의 경우 여학생들이 최상위권을 싹쓸이하는 경우가 많다는 요즈음에는 사정이 다를지도 모르겠지만, 여전히 적지 않은 사람들이 남성의 수학 능력이 여성의 수학 능력을 앞지른다고 생각하는 듯하다. 어떤 이들은 그 이유를 남녀의 생물학적 두뇌

구조의 차이에서 찾기도 하고, 역사적으로 저명한 수학자들 중 여성이 별로 없는 게 바로 그 단적인 증거라고 얘기하기도 한다.

이에 반해서 페미니스트들이나 상당수 과학자들은 여성이 수학을 잘하지 못하는 것처럼 보이는 것은 지극히 왜곡된 편견과 사회·문화적 영향에 의한 것일 뿐, 원초적 능력의 차이에서 온 것이 아니라고 주장한다. 특히 생물학적 차이 운운하는 것은 과학의 이름을 빙자한 남성 지배 이데올로기라고 비판하기도 한다.

일반적으로 여성들이 수학에서 멀어진 것처럼 보이는 이유가 무엇인지 단언하기는 쉽지 않겠지만, 일부 과학사학자들은 그 근원의 하나로서 인류 최초의 여성 수학자 히파티아(Hypatia, 370?-415)의 비극적인 생애를 꼽기도 한다. 히파티아의 삶에 대해서는 구체적 기록이 많지 않고 예로부터 구전되어오는 것들이 많은데, 그녀는 오늘날까지 '가장 아름답고, 가장 순결하고, 가장 교양 있는 여성'으로 꼽히기도 한다.

히파티아는 370년경 그리스 알렉산드리아 시대의 수학자 테온(Theōn, 350?-400?)의 딸로 태어났다. 테온은 그리스

기하학의 완성자인 유클리드(Euclid, BC 330?-BC 275?)의 『기하학 원론(Stoicheia)』의 주석을 달고 수학을 발전시킨 인물로 유명한데, 또한 프톨레마이오스(Klaudios Ptolemaeos, 85?-165?)의 저서인 『알마게스트(Almagest)』에도 주석을 달았다.

히파티아는 아버지의 뒤를 이어 탁월한 수학자가 되었는데, 30대에 알렉산드리아의 종합 고등교육기관인 '무제이온' 교수로 초빙받은 그녀는 높은 학식과 덕망으로 많은 사람의 존경을 받았다. 그녀의 강의를 듣기 위해 도시의 상류층과 부자들의 마차가 매일같이 장사진을 이루고 교실은 초만원이었다고 한다. 또한 그녀는 평생 독신으로 지냈는데, 많은 왕족이나 학자가 구혼을 해왔지만 "나는 이미 진리와 결혼하였다"면서 거절하였다고 한다.

히파티아의 저서로 남아 있는 것이 없기 때문에 그녀의 수학적 업적을 제대로 알기는 어렵지만, 유명한 천문학서이자 수학서인 『알마게스트』의 주석도 실은 테온이 아니라 딸인 히파티아가 저술한 것이라고도 한다. 또한 디오판토스(Diophantus, 246?-330?)의 『산수론(Arithmetica)』과 아폴로니우스(Apollonius of Perga, BC 240-BC 190)의 『원뿔곡선론』의 주석도 달았다고 전해진다. 히파티아의 제자 중에는 유명한 인물들도 많은데, 히파티아의 제자들은 학문의 여신의 이름을 따서 그녀를 '뮤즈의 딸'로 불렀다고 한다.

그러나 광신적인 키릴로스(Cyrillus Alexandrinus, 376?-444)라는 인물이 알렉산드리아의 교구장으로 부임해 오면서 히파티아에게 비극적인 일들이 벌어지기 시작했다. 키릴로스는 이단 심판관의 역할을 했는데, 그는 히파티아의 신플라톤주의 철학과 그녀의 행실이 이교도적인 것이라 간주했다. 키릴로스와 광신도들은 탁월한 수학적 능력과 수많은 남성 제자들을 지니고 있던 그녀를 마녀로 지목하였고, 무제이온은 반(反)기독교문화의 총본산으로 여겨졌다.

서기 415년 어느 날, 광신도와 폭도들이 무제이온에 난입하여 교수들을 학살하였고, 히파티아도 돌을 맞고 쓰러졌다. 그녀는 머리채가 마차에 묶여 이리저리 끌려다니다가, 결국은 무참하게 불태워졌다고 전해진다. 그녀의 모든 저서를 포함하여 알렉산드리아 도서관에 있던 수많은 책이 역시 불태워졌고, 귀중한 문화재들도 아울러 파괴되었다. 이 사건으로 인하여 찬란했던 알렉산드리아의 학문과 문화는 곧 쇠퇴의 길로 접어들었고, 이는 곧 고대 그리스 문명의 종말로 이어지게 되었다.

히파티아의 비극이 후대의 여성들이 수학자가 되기를 꺼려 하는 집단적 트라우마를 제공한 것으로 해석하는 것은 지나친 비약일 수도 있을 것이다. 하지만 높은 학식과 고결한 인격, 그리고 뛰어난 미모를 함께 갖췄던 히파티아의 비극적 생애는 이후 많은 소설 등에서 언급된 바 있고 영화로도 선보인 바 있다. 2009년에 제작된 스페인 영화 〈아고라(Agora)〉는 진리를 위해 세상과 맞서 싸우는 히파티아의 모습과 함께 이성과 종교 간의 갈등 등을 잘 묘사하여 세계적으로 호평을 받았지만, 국내에서는 개봉되지 않았다.

제1차 세계대전에 참전하여 전사한 모즐리

이공계 대체복무제를 낳은
모즐리의 전사

당대의 뛰어난 과학자들은 당연히 노벨 과학상을 받았을 것이라고 생각하기 쉬우나, 일반 대중들에게도 널리 알려진 저명한 과학자나, 과학기술의 발전에 획기적인 업적을 이룩한 인물 중에서도 노벨 과학상을 받지 못한 이들이 의외로 많다. 그 이유는 여러 가지가 있겠지만, 노벨상은 생전의 인물, 즉 당시에 살아 있는 사람만 받을 수 있고 사후에는 수여하지 않는다는 규정으로 인한 경우도 꽤 있다.

생전의 인물에게만 노벨상을 수상하는 규정은 처음 노벨상 제도가 만들어질 무렵에 갈릴레이(Galileo Galilei, 1564-1642), 뉴턴(Isaac Newton, 1642-1727), 패러데이(Michael Faraday,

1791-1867) 등 이미 고인이 된 대가들이 계속 노벨 과학상을 '싹쓸이'함으로써 당대의 과학자들에게는 차례가 가지 않을지도 모르는 폐단을 막기 위해 만들어진 것으로 보인다. 고인이 수상한 경우로는 노벨상 수상자로 결정된 직후 시상식 이전에 사망한, 극히 예외적인 사례가 있을 뿐이다.

일찌감치 큰 업적을 내고 젊은 나이에 사망하여 노벨상을 받지 못한 대표적인 경우로서 영국의 과학자 모즐리(Henry Moseley, 1887-1915)를 꼽을 수 있다. 그는 X선 산란에 관한 연구를 바탕으로 원자번호와 원자핵의 전하량 사이의 관계를 밝혀서 원자구조론 등에 크게 기여하였기에 노벨상 수상이 유력하였다.

그의 스승이었던 러더퍼드(Ernest Rutherford, 1871-1937)는 방사선에 관한 연구로 1908년도 노벨화학상을 받았고, 원자핵의 존재를 발견하여 원자핵물리학의 새로운 장을 연 인물이다.

모즐리는 라우에(Max Theodor Felix von Laue, 1879-1960)의 X선 산란실험 등에 관심을 가지고 여러 원소의 특성 X선 스펙트럼을 연구하였다. 그 결과, X선 파장과 원자번호 사이의 일정한 관계, 즉 파장의 제곱근이 원자번호에 반비례한다는 사실을 발견하게 되었다. 이것이 바로 '모즐리의 법칙'이라 불리는 것으로서, 원자구조론 및 원자핵물리학 등 관련 분야의 발전에 커다란 공헌을 하였다.

원소들의 규칙성을 밝힌 멘델레예프(Dmitri Ivanovich Mendeleev, 1834-1907)의 원소주기율표는 19세기에 이미 나왔지만, 과학자들은 20세기 초까지도 원소들의 성격을 규정하는 것이 정확히 무엇인지 알 수가 없었다. 즉 멘델레예프는 원자량의 개념을 사용하여 주기율표를 작성하였지만, 특정 원소의 양성자와 중성자의 개수를 합한 것인 원자량만으로 원소의 성질을 완벽히 파악하는 데에는 한계가 있었다.

모즐리의 발견은 바로 원소의 화학적 성격을 결정하는 것은 원자량이 아니라 원자번호, 즉 양성자의 개수로 표현되는 원자핵의 전하임을 실험적으로 밝혀낸 것이다. 따라서 모즐리의 법칙을 기반으로 하면 원소들의 정확한 원자번호를 결정할 수 있을 뿐 아니라, 원소주기율표상의 미발견 원소들을 확인하고 예측할 수 있었다.

그런데 모즐리가 한창 중요한 연구 성과를 내고 있을 무렵 제1차 세계대전이 발발하였다. 이로 인하여 그는 연구에 지장을 받았을 뿐 아니라, 결국에는 목숨마저 잃게 되었다. 모즐리는 오스트리아에서 학회에 참석한 후 연구실로 돌아가지 않고 바로 지원 입대하였는데, 1915년의 갈리폴리(Gallipoli) 상륙작전에도 참전하게 되었다.

갈리폴리 전투는 영국 등의 연합군이 독일과 동맹을 맺고 있던 튀르키예를 통과하여 러시아와 연락을 취하려고 갈리폴리 반도 상륙을 감행한 전투이다. 몇 차례에 걸쳐 진행되었던 이 전투는 결국 연합군의 패퇴로 끝났지만, 양측 모두 엄청난 사망자를 낸 제1차 세계대전, 아니 인류 전쟁사상 최악의 전투로도 잘 알려져 있다.

갈리폴리 전투의 실패로 당시 영국의 해군 장관이었던 처칠(Winston Churchill, 1874-1965)은 자리에서 물러났고, 튀르키예군을 잘 지휘하여 전투를 승리로 이끈 무스타파 케말(Mustafa Kemal, 1881-1938)은 국민적 영웅으로 떠올라 나중에 튀르키예의 초대 대통령까지 될 수 있었다.

갈리폴리 전투에 통신병으로 참전했던 모즐리는 튀르키예군 저격병의 총격을 받고 결국 27세의 젊은 나이로 전사하고 말았다. 이미 많은 성과를 낸 전도유망한 물리학자의 죽음은 영국뿐 아니라 세계 과학계에도 커다란 손실일 수밖에 없었다. 모즐리가 만약 그 당시에 전사하지 않았더라면 이후 노벨물리학상 수상은 확실하였을 것이다. 1924년도 노벨물리학상은 원소들의 X선 특성 스펙트럼 진동수를 측정한 공로로 시그반(Karl Manne Georg Siegbahn, 1886-1978)이 받았는데, 이는 모즐리와 거의 동일한 연구였기 때문이다.

모즐리의 참전을 간곡히 만류했던 스승 러더퍼드는 큰 충격과 슬픔에 빠졌지만, 이와 같은 일이 반복되어서는 안 되겠다는 생각에 이후 영국 의회 등에 편지를 보내고 여러 활동을 하였다. 즉 아까운 과학 인재들이 전쟁터에 나가 싸우는 것보다는, 대학이나 연구소 등지에서 과학 연구를 계속하는 것이 나라에 더욱 큰 도움이 된다는 것을 호소하고 설득하였던 것이다.

결국 영국 의회와 정부가 러더퍼드의 제안을 받아들였고 이후 다른 나라들에도 퍼지게 되었는데, 이것이 바로 오늘날 우리나라에서도 시행되고 있는 과학기술자 병역특례, 즉 이공계 대체복무제도의 기원이라고 한다.

증기기관차의 선구자 트레비딕의 초상

상용화에 실패한 증기기관차의 선구자 트레비식

나의 앞선 책 『진실과 거짓의 과학사』에서 여러 차례 언급하였지만, 증기기관차의 아버지라 불리는 조지 스티븐슨(George Stephenson, 1781-1846)은 증기기관차를 '최초로' 발명한 사람이라 보기는 어렵다. 그보다는 성능 좋은 증기기관차를 개발하고 이를 실용적으로 널리 보급시키는 데에 성공해서 유명해진 인물이라 할 것이다. 특히 아들인 철도기술자 로버트 스티븐슨(Robert Stephenson, 1803-1859)과 함께 철도 가설사업에 일생을 걸고 매진한 결과 증기기관차가 기존의 마차를 대체하고 육상교통의 혁명을 불러오게 되면서,

조지 스티븐슨의 공적 역시 더욱 부각되었을 것이다.

실용화에 끝내 성공하지는 못했지만, 스티븐슨보다 앞서서 증기자동차나 증기기관차를 발명한 사람들도 분명 있었다. 그중 한 사람으로서 삼륜으로 된 증기자동차를 처음 발명한 프랑스의 군사 기술자 퀴뇨(Nicolas Joseph Cugnot, 1725-1804)가 있다. 그의 증기기관차는 원래 상당히 속도가 느렸지만 시험 운행에 나섰을 때에 갑자기 폭주하면서, 남의 집 담장을 들이받는 충돌 사고를 일으키며 넘어지고 말았다. 이로 인하여 증기자동차의 군사적 활용 가능성을 타진하려 동승했던 고위 군인이 부상을 당하는 바람에, 퀴뇨는 위험한 물건을 만든 죄로 감옥에 갇히고 말았다. 그의 증기자동차 역시 다시는 운행되지 못하도록 창고에 깊숙이 처박히게 되었고, 지금은 프랑스 파리의 국립기술공예박물관에 소장되고 있다.

그 이후 증기기관차를 발명한 인물로는 영국의 머독(William Murdock, 1754-1839)이 있다. 그는 제임스 와트(James Watt, 1736-1819)가 동업자 볼턴(Matthew Boulton, 1728-1809)과 함께 설립한 볼턴-와트 상회에서 일하면서 증기기관차 모형을 제작하는 데에 성공하였다. 그러나 본업에 차질을 빚을 것을 우려했던 회사 상사 와트와 볼턴의 반대로 결국 머독은 증기기관차의 개발을 더 이상 진전시키지 못하였다. 그 대신 나중에 석탄을 이용한 가스등을 발명하고 사업화하는 데에 성공하였다.

실용적인 증기기관차를 처음 발명한 사람을 꼽으라면 와트, 머독과 같은 영국 사람인 트레비식(Richard Trevithick, 1771-1833)이라고 답하는 것이 가장 적절할 것이다. 그는 콘월 주석 광산에서 증기기관의 기사로 일하면서, 사람이 타고 달릴 수 있는 노상증기기관차의 발명에 착수하였다. 그는 와트의 방식과는 달리 고압증기를 이용한 증기기관을 설계하였고, 마을의 대장간에서 조립하여 6명 이상이 탈 수 있는 증기기관차를 성공적으로 제작하였다.

1801년 크리스마스이브에 트레비식은 친구들과 함께 증기기관차의 시운전을 하였는데, 같이 탔던 사람들은 불안에 떨기도 하였으나 증기기관차는 험한 비탈길을 별 사고 없이 잘 달렸다. 이듬해에 그는 다른 증기기관차를 제작하여 특허를 취득하였고, 이를 계기로 상업적인 운행에도 나섰으나 별 성공을 기두지는 못하였다.

1804년에 제철소의 레일 위를 달리는 증기기관차를 운행했으나 레일이 기관차와 화물의 중량을 이기지 못했고 무너졌다. 1808년에는 런던에서 승객들로부터 요금을 받고 증기기관차를 운행하기도 하였으나 기관차의 전복사고 이후 사람들이 외면하였다. 증기기관차의 실용화는 발명자의 의욕과 달리 거의 진척을 보지 못했던 것이다.

트레비식은 크게 실망하여 남아메리카로 이주하여 광산기술자로 일했으나, 그곳에서도 하는 일이 그다지 잘 풀리지 않았다. 영국으로 돌아온 후 그는 고향의 빈민구제시설에서 보호를 받다가 1833년에 가난하고 불행했던 삶을 마쳤다.

1932년에는 그의 증기기관차가 처음 달렸던 언덕 부근에 그를 기념하는 동상이 설립되어 '불운했던 증기기관차의 발명자'의 업적을 기렸고, 아직도 영국에서는 스티븐슨보다 트레비식을 증기기관차의 아버지로 꼽는 사람들도 적지 않다고 한다.

스티븐슨보다 앞서 증기기관차를 발명했던 트레비식이 실용화에 실패하고 세상에서 제대로 인정받지 못한 채 사라져간 이유로는 여러 가지를 꼽을 수 있을 것이다. 즉 대중들이 실제로 이용하기에는 불안하거나 그다지 만족스럽지 못했을 수도 있고, 또는 상업적으로 성공을 거둘 만한 시대적 여건이 성숙되지 못했을 수도 있다.

그런데 그의 증기기관차 자체가 성능에 심각한 결함이나 문제가 있었다고 보기는 어렵다. 그보다는 당시 주철로 만든 기차의 레일이 증기기관차의 무게를 견디지 못하고 깨지거나 무너진 것이 상용화 실패의 가장 큰 원인이었던 것이다.

돌이켜보면 트레비식의 선구적인 노력과 연구가 결코 헛되었다고 말할 수는 없을 것이다. 증기기관차를 널리 대중화시킨 스티븐슨도 트레비식의 증기기관차에 심취하여 선배 격인 그로부터 많은 것을 배웠다. 그리고 실패의 주된 요인이었던 레일의 재질과 궤도를 보다 적합한 것으로 개량한 끝에 큰 성공을 거둘 수 있었기 때문이다. 따라서 트레비식의 희생과 시행착오가 후세의 발달을 앞당기는 밑거름이 되었음은 분명히 기억해야 할 것이다.

고무의 가황법을 확립한 굿이어

고무에 미친 인간 굿이어

현대 산업사회에서 중요한 자원들을 꼽으라면 철, 석유, 목재 등 여러 가지를 꼽을 수 있을 것이다. 그런데 이에 못지않게 중요한 것이 또 있으니, 그것이 바로 고무이다. 자동차의 타이어에서부터 고무줄, 고무장갑, 고무보트에 전기의 절연체, 튜브, 벨트 등의 각종 부속품에 이르기까지 고무의 용도는 매우 다양하다. 만약 고무가 갑자기 없어져버린다면 사람들의 생활이 어떻게 될 것인지 길게 설명할 필요도 없을 것이다.

인류가 고무를 널리 사용하기 시작한 것은 그리 오래되

지 않았으나, 고무를 처음으로 알게 된 역사는 매우 오래되었다. 고대 이집트에서도 아카시아 고무의 추출액을 접착제나 미라의 방부제 등으로 사용하였다고 한다.

유럽인들이 고무를 처음 접한 것은 15세기 말경으로서, 콜럼버스(Christopher Columbus, 1451-1506)가 서인도 제도에 도착했을 때 그곳의 원주민들이 고무공을 가지고 노는 것을 발견하였다. 신대륙의 원주민들은 헤베아(Hevea), 즉 파라고무나무의 수액에서 천연고무를 채취했는데, 이 수액을 그들은 '나무의 눈물'이라 불렀다고 한다. 오늘날에는 라텍스(Latex)라고도 지칭되는 고무의 원료이다.

그 후 아메리카 대륙에 진출한 유럽인들에 의해 고무의 이용이 차츰 퍼져 나아가서, 산소의 발견자 중 한 사람인 영국의 화학자 프리스틀리(Joseph Priestley, 1733-1804) 목사가 처음으로 지우개로 사용했다고 알려져 있다. 고무이자 지우개를 뜻하는 영어 단어 'Rubber'는 바로 여기에서 유래된 것이다.

그 외에 방수 천, 신발, 의복에까지도 고무를 이용했으나 당시 사람들은 오늘날과 같은 고무의 가공법은 알지 못했다. 이로 인하여 날씨가 더우면 냄새가 나고 끈적끈적하게 녹아버리고 추우면 딱딱하게 굳어버리는 생고무의 성질 때문에, 여름날 고무 옷을 입은 두 마차 승객이 서로 달라붙어 버리는 등 적지 않은 해프닝이 일어났다 한다.

이와 같은 천연고무의 결점을 제거하여 오늘날처럼 다방면으로 이용할 수 있는 제조 방법이 확립된 것은, 찰스 굿이어(Charles Goodyear, 1800-1860)라는 미국인 발명가의 집념과 의지 덕분이었다. 그는 교육을 거의 받지 못하였지만, 그의 한평생은 고무를 위해서 바쳐졌다고 해도 과언이 아니었다. 늘 가난에 시달리고 갖은 어려움을 겪으면서도 외곬으로 고무의 연구에만 매달렸다.

그의 고향인 미국 코네티컷 주 뉴헤이븐에서 그를 찾으면, 마을 사람들은 이렇게 대답했다고 한다. "아, 그 미치광이요? 고무로 만든 모자에 고무로 만든 바지와 코트를 입고, 고무 신발을 신고, (돈은 한 푼도 없는) 고무 지갑을 갖고 있는 사람을 만나면, 그가 바로 틀림없는 굿이어랍니다."

마을 사람들의 조롱을 받으면서도 그는 전 재산과 자신의 정력을 오로지 고무의 제조법, 품질개량 연구에만 쏟은 '고무에 미친 인간'이었다. 그러나 그의 고무 인생은 실패와 불운의 연속이었다.

고무의 개량법으로 고무에 마그네슘을 섞어 석회수로 쪄서 표면을 매끈하게 만드는 방법을 개발했으나 그다지 실용적이지 못했다. 그리고 고무를 산에 쪄서 끈적거리는 성질을 제거하는 방법을 발견한 후 회사를 차려서 사업화를 꾀했으나, 1836년 금융공황을 맞아 파산하고 말았다. 또한 고무에 황가루를 발라 햇볕에 말리는 품질개량법의 특허를 사들여 고무 우편행낭 등을 제작하였으나 거듭 실패하였다.

중요한 발명, 발견에 깃든 뜻밖의 우연과 행운, 즉 세렌디피티(Serendipity)가 굿이어에게도 찾아왔다. 그는 1839년경에 고무에 황을 섞어서 실험을 하던 중, 실수로 고무 덩어리가 난로 위에 떨어지고 말았다. 그런데 고무가 녹지 않고 약간 그슬리는 정도였을 뿐 아니라, 도리어 놀랍게도 고무 덩어리가 더 탄력 있게 변한 것을 보게 되었다. 일설에 의하면 고양이 한 마리가 고무 덩어리를 가지고 놀다가 유황 분말을 쏟았고, 화가 난 굿이어가 유황 범벅이 된 고무 덩어리를 고양이를 향해 던졌는데 그것이 난로 위에 떨어졌다고도 한다.

아무튼 그는 고무에 황을 섞어서 가열하면 고무의 성능

을 크게 높일 수 있다는 사실을 발견하고 연구를 계속하였다. 고무와 황의 비율 및 가열 온도 등 최적의 조건을 찾아낸 그는 고무의 가황법을 확립하였고, 이는 고무공업 발전의 기초가 되었다.

그러나 굿이어는 고무가황법을 발명하여 1844년에 특허까지 받았음에도 불구하고, 거의 아무런 경제적 이익을 얻지 못했다. 고무의 가황 기술은 모방하기가 비교적 용이했기 때문에 그는 남은 일생 동안 다른 사람들의 특허침해에 맞서 싸워야만 했다. 더구나 사업을 하다가 생긴 빚을 갚지 못해 몇 차례 투옥되기까지 했고, 그는 죽은 후에 20만 달러의 부채밖에 남기지 않았다고 한다.

역사상 개인 발명가들 중에는 발명과 함께 그것의 사업화에도 크게 성공하여 돈을 많이 벌어들인 인물들도 물론 많다. 웨스팅하우스(George Westinghouse, 1846-1914)는 철도용 에어브레이크를 발명해서 큰돈을 모은 후, 나중에는 전기사업에도 뛰어들어 크게 성공하였다. 포드(Henry Ford, 1863-1947)는 자신이 발명, 개량한 가솔린 자동차 제조회사를 차린 후, 대량생산 공정인 이른바 포드 시스템을 확립하여 세계적인 기업가로 성공하였다. 다이너마이트와 무연화약의 발명으로 갑부가 된 노벨상의 창시자 노벨(Alfred Bernhard Nobel, 1833-1896), 전화기를 발명하고 실용화하는 사업에서도 대성공을 거둔 벨(Alexander Graham Bell, 1847-1922)의 경우도 마찬가지이다.

반면에 굿이어처럼 평생 발명에 몰두하고도 아무런 경제적 이득을 누리지 못한 발명가들도 무척 많다. 그는 평생 "언젠가는 고무가 굉장히 중요한 재료로서 다방면에 걸쳐 널리 사용되는 날이 올 것이다"는 신념을 지니고 있었지만, 생전의 그는 늘 가난뱅이로 지냈다.

심지어 크게 성공하여 생전에 대중의 환호를 받았던 발명가조차도 경제적 보상은 불충분했다고 느낀 경우가 적지 않았다. 예를 들어 발명왕 에디슨(Thomas Alva Edison, 1847-1931)도 "나는 전구를 발명했지만 그로 인한 이익은 거의 누리지 못했다"고 불만을 털어놓은 적이 있다. 그가 테슬라(Nikola Tesla, 1856-1943) 진영과의 전류 전쟁에서 패배하여 거대자본으로부터 버림을 받은 후 씁쓸한 심경을 토로했던 것이다.

굿이어의 이름을 딴 굿이어 타이어 및 고무 회사(Goodyear Tire & Rubber Company)가 설립된 것은 1898년으로 그가 죽은

지 수십 년 후이며, 자동차용 고무타이어 등으로 굿이어의 예언대로 고무의 시대가 열린 것은 1910년대 이후이다.

그러나 선구적인 발명가들이 자신의 손으로 사업화에 성공했든 못 했든, 오늘날 우리가 누리는 산업문명의 혜택은 그들의 피와 땀이 하나하나 밑거름이 되었음은 후세에도 길이 기억해야 할 것이다.

재봉틀을 발명한 하우의 초상

재주는 곰이 넘고……

과학기술 발전의 역사에서 그동안 여러 차례 언급했듯이, 최초로 발명을 이룩한 사람들이 사업적으로도 성공한 사례는 의외로 드물다. 온갖 고생 끝에 발명을 완성했음에도 불구하고, 실용화나 사업화에는 여러 가지 이유로 실패하고 불행하게 삶을 마친 경우가 적지 않은 것이다.

'재주는 곰이 부리고 돈은 아무개가 번다'라는 우리 속담을 떠올리게 하는데, 정작 큰돈을 번 사람은 발명가가 아니라 수완이 뛰어난 다른 사람인 경우가 매우 많다.

프랑스의 화학자 르블랑(Nicolas Leblanc, 1742-1806)이 소다

를 대량 제조할 수 있는 방법을 발명하고도 프랑스대혁명의 소용돌이 속에서 사업화에 성공하지 못한 채 권총 자살로 비극적인 삶을 마쳤는데, 구체적인 얘기는 본문의 2부에서 다루기로 한다.

프랑스 과학아카데미 공모의 산물이었던 르블랑식 소다 제조법은 그 후로도 정작 프랑스에서는 별로 빛을 발하지 못하였고, 이것으로 큰돈을 번 인물은 아일랜드 출신의 영국 사업가 제임스 머스프랫(James Muspratt, 1793-1886)이었다.

젊은 시절에 일찍 부모를 여읜 그는 영국군에 입대하여 여러 전공을 세우기도 하였으나, 해군의 엄격한 군율과 고된 훈련에 싫증을 느끼고 탈영을 감행하였다. 고향인 더블린으로 돌아간 그는 어린 시절에 약품 도매점에서 일한 경험을 살려서 염산 등의 화학약품을 만들어 판매하는 일을 하다가, 비누에 꼭 필요한 소다의 중요성을 알게 되었다.

머스프랫은 치밀한 준비 과정을 거쳐서 리버풀을 비롯한 영국의 여러 지역에 르블랑식 소다 공장을 세우고 많은 양의 소다를 생산해내었다. 산업혁명이 한창 진행되던 당시 영국에서는 소다의 수요가 급증하였는데, 머스프랫은 이 기회를 정확히 포착한 것이다.

즉 산업혁명 초기에 방적기, 방직기의 발명과 개량으로 가장 먼저 발달한 것이 직물공업이었다. 예전과는 비교도 안 될 정도로 쏟아져 나오는 직물들을 깨끗하게 세탁하여 제품을 완성하려면 엄청난 양의 비누와 소다가 필요했던 것이다. 따라서 머스프랫의 소다 제조 사업은 순풍에 돛 단 듯 번창을 거듭할 수밖에 없었다.

다만 뛰어난 사업가였던 머스프랫도 끝까지 골머리를 앓았던 문제가 하나 있었으니, 오늘날에도 간혹 환경문제를 일으키는 공장의 폐가스로 인한 문제였다. 르블랑식 소다 제법은 소금과 황산으로 소다를 만들기 때문에, 제조 과정에서 반드시 염산가스가 나오게 되어 있었다. 그는 염산가스로 피해를 입은 인근 농민과 지주들의 소송에 오랫동안 시달린 끝에 공장을 다른 곳으로 옮기기도 하였으나, 사업에서 은퇴하는 날까지 뾰족한 해결책을 찾지 못하였다.

아무튼 머스프랫에 의해 대성공을 거둔 영국의 소다 제조산업은 중화학공업 발전의 시초가 되었다. 그리고 르블랑식 소다 제조법은 19세기 후반에 벨기에의 화학자 솔베이(Ernest Solvay, 1838-1922)가 발명한 솔베이법이라는 새로운 소다 제법으로 대체되었다.

르블랑식 소다 제조법과 유사하게 나중에 다른 사람이 원래의 발명자보다 훨씬 많은 돈을 벌어들인 경우로서, 재봉틀의 사례도 있다. 요즘에는 일반 가정에서 재봉틀을 사용하는 경우가 많지는 않지만, 오래전 우리나라에서는 결혼하는 여성들의 '혼수품 1호'라고 할 만큼 중요시된 적도 있었다.

바느질을 하는 기계, 즉 재봉틀을 만들어내려는 시도는 꽤 오래전부터 있었으나 그다지 성공하지는 못하였고, 19세기에 들어서야 실용적인 재봉틀이 탄생하였다. 역사적으로 재봉틀을 발명한 사람들도 여럿 있었는데, 그들은 갖가지 어려움을 겪었다. 특히 당시는 산업혁명이 한창 진행 중인 시기여서, 기계의 출현으로 생계에 불안을 느낀 숙련 기술자들의 반발이 거세었다.

재봉틀 발명의 선구자 중 한 사람인 프랑스의 티모니에(Barthélemy Thimonnier, 1793-1857)는 1829년에 실 한 가닥으로 바느질이 가능한, 갈고리 모양의 바늘을 지닌 재봉틀을 제작하는 데에 성공하였다. 그는 스스로 발명한 재봉틀로 비밀리에 재봉공장을 세워서, 거의 10년간 남몰래 재봉틀을 사용해왔다. 그러다가 결국은 재봉기술자들에게 알려져서

1841년에 그의 재봉틀은 모조리 순식간에 부서졌고, 공장은 성난 사람들에 의해 불태워지고 말았다. 티모니에는 다시 재봉틀을 만들어서 1850년에는 미국 특허를 취득하기도 하였으나, 가난과 절망에 지친 그는 1857년에 세상을 떠났다.

그 이후 재봉틀 발명을 발명한 또 다른 인물로서 미국의 기계기술자 하우(Elias Howe, 1819-1867)가 있다. 미국 매사추세츠 주의 농가에서 태어난 그는 선천적으로 몸이 병약했고 한쪽 다리가 불편하였으나, 기계를 다루는 데에 재주가 있어서 일찍부터 재봉틀의 발명에 몰두하였다.

하우가 재봉틀 발명에 몰두하게 된 동기는 밤늦도록 삯바느질을 하는 아내를 위한 것이었다고 하는데, 고생 끝에 1845년에 실용적인 재봉틀을 발명하였고 이듬해에 특허도 취득하였다. 그의 재봉틀은 앞의 티모니에의 것과는 달리 두 가닥의 실로 바느질이 가능한, 원리적으로 오늘날의 재봉틀과 거의 비슷한 수준이었다.

하우는 자신의 발명품을 사업화하려고 무척 애썼으나, 자금 부족, 시장개척의 어려움, 숙련 기술자들의 반발 등으로 쉽게 되지 않았고, 기관차의 운전수로 일하면서 생계를 끌어갔다. 한번은 영국에서 하우의 재봉틀 특허를 사겠다는 사람이 있어서 그는 불편한 몸을 이끌고 영국에 갔는데, 그곳에서도 재봉 기술자들의 반발에 부딪혀 뜻을 이루지 못하였다. 실망 속에 귀국한 하우에게는 아내의 죽음이라는 청천벽력 같은 소식이 기다리고 있었다.

엎친 데 덮친 격으로 하우가 없는 틈을 타서 싱어(Isaac Merrit Singer, 1811-1875)라는 사람이 하우의 재봉틀 기술을 도용하여, 미국에서 재봉틀을 대량으로 생산, 판매하고 있었다. 물론 싱어는 하우의 재봉틀을 개량하여 자신의 특허도 덧붙이기는 했지만, 그는 발명가라기보다는 사업가로서의 수완이 뛰어난 사람이었다. 부품의 표준 확립, 대량생산체계 등을 세웠고, '한 가정에 한 대의 재봉틀을!'이라는 슬로건 아래 여러 이벤트를 열어서 재봉틀 보급을 크게 늘렸다. 또한 그는 오늘날에도 소비자들이 자주 이용하는 할부판매제도라는 새로운 판매 방식을 처음으로 도입하여 대성공을 거두었다.

한편 하우는 싱어를 상대로 특허침해 소송을 내었고, 결국은 승소하여 상당액을 배상받기도 하였다. 그러나 이미 싱어의 회사는 세계 제일의 재봉틀 회사로 성장해서 엄청난 돈을 벌고 있었기 때문에 별로 영향을 받지 않았다. 싱어에게는 '재봉틀 왕'이라는 별명이 붙여졌고, 그의 회사는 최근까지 굴지의 재봉틀 회사로 이어져왔다. 재봉틀이 가정에서 많이 쓰이던 시절 우리나라에도 싱어 회사에서 제작한 재봉틀이 많이 들어온 바 있다.

물론 신제품의 사업화로 성공하는 일도 결코 쉬운 일은 아닐 것이며, 여러 난관과 리스크를 슬기롭게 극복해야만 가능한 경우가 많을 것이다. 그러나 오늘날에도 히트 상품의 판매 등으로 기업이 벌어들이는 막대한 수익에 비해, 각고의 노력 끝에 발명을 완성한 과학기술자들에게 돌아가는 보상은 턱없이 부족하기만 한 여전한 현실은 씁쓸하기 그지없다.

아내와 함께 한 라부아지에

단두대의 이슬로 사라진 라부아지에

화학 전반의 기초를 굳건히 세워 '근대 화학의 아버지'로 추앙받는 프랑스의 위대한 화학자 라부아지에(Antoine Laurent de Lavoisier, 1743-1794)는 프랑스대혁명의 소용돌이가 한창이던 1794년 5월, 사형을 선고받고 단두대의 이슬로 사라졌다. 그의 나이 50세로, 과학의 발전을 위해서 한창 일할 수 있는 아까운 때에 비극적으로 삶을 마감한 것이었다. 라부아지에와 같은 훌륭한 과학자를 단두대로 몰아넣은 것은 과연 무엇이었을까?

라부아지에는 1743년 8월, 파리에서 부유한 변호사의 아들로 태어났다. 어릴 적부터 매우 영특했던 그는 귀족과 부잣집 자제들만이 다니는 학교에서 새로운 과학을 접하여 거기에 큰 흥미를 갖게 되었다. 아버지의 영향으로 법과 대학에서 공부하였으나, 화학을 비롯한 여러 과학 분야에도 두각을 나타내었다. 특히 1765년 프랑스 과학 아카데미가 현상 모집한 조명등 제작에 응모하여 금메달을 받기도 하였고, 25세의 젊은 나이로 과학아카데미 회원이 되었다.

화학자로서 라부아지에의 가장 큰 업적은 바로 '물질이 탄다는 것은 바로 산소와 결합하는 현상'이라는 사실을 명확히 밝힌 것이다. 그동안 기존의 연소이론으로서 금과옥조처럼 여겨져오던 이른바 '플로지스톤(Phlogiston)설', 즉 연소란 물질 속에 있던 플로지스톤이 빠져나가는 과정이라고 해석했던 패러다임을 완전히 뒤엎은 것이다.

셸레(Karl Wilhelm Scheele, 1742-1786)가 물질의 연소를 돕는 '불의 공기'로서 산소를 발견하고, 또한 독립적으로 프리스틀리 목사(Joseph Priestley, 1733-1804)가 생명체에 활력을 주는 깨끗한 공기로서 산소를 발견한 후 '플로지스톤을 제거한 공기'라 이름 붙인 것은 나의 저서 『진실과 거짓의 과학사』에서 설명한 바 있다. 라부아지에 역시 그 무렵 프리스틀리 목사와 교류하면서, 물질의 연소 및 산소에 관한 연구를 하고 있었다.

그런데 다른 화학자들과는 달리, 라부아지에는 거의 모든 화학실험 과정에서 매우 유용한 도구 하나를 반드시 사용하였다. 다른 사람들은 소홀히 여겼으나, 라부아지에가 언제나 애지중지한 이 도구는 바로 '저울'이었다. 그는 물질의 화학변화 전, 후 등에 반드시 저울로 무게를 재서 질량을 측정함으로써 이론적으로 더욱 잘 설명할 수 있는 토대를 마련하였고, 당시의 수많은 화학자가 명확히 설명해내지 못했던 연소의 비밀을 드디어 밝혀낼 수 있게 되었다. 또한 훗날 '질량보존의 법칙'을 발견할 수 있는 계기도 되었을 것이다.

라부아지에는 1772년에 밀폐된 플라스크 안에서 인(燐)을 태우는 실험을 하였다. 셸레도 이미 똑같은 실험을 한 바 있었지만, 인이 연소되면서 플라스크 안의 공기 중 1/5이 어디로 없어져버리는가 하는 문제를 해석해내려 하던 과정에서 연소 전후의 인의 질량을 측정해보았다.

플로지스톤이 빠져나갔다면 질량이 줄어야 할 텐데, 도리어 질량이 늘어난 결과를 어떻게 설명해야 할 것인지 곰

곰이 생각하던 그는 옳은 결론을 도출하였다. 즉 연소 후 플라스크 안에서 없어져버린 것처럼 보이는 '불의 공기'(산소)는 연소의 과정에서 인과 결합하여, 무수인산이라는 화합물이 만들어지면서 질량이 늘어난 것이라고 해석하면, 모든 것이 잘 설명이 되는 것이었다.

굳이 플로지스톤이라는 있지도 않은 유령을 끌어들이지 않고도 '연소란 물질이 산소와 결합하는 것'이라고 보는 것이 훨씬 합리적인 해석임을 밝혀낸 것이다. 플로지스톤 이론을 신봉해오던 화학자들은 대부분 라부아지에의 새로운 연소이론에 격렬하게 반대하였다. 그러나 그가 정확한 실험 결과를 토대로 하여 합리적인 설명을 펼쳐 나아가고, 그 밖에도 여러 사실들을 밝혀서 증명했기 때문에 결국 플로지스톤 이론은 산소결합설에 패배를 당한 후 과학사의 뒤안길로 사라지게 되었다.

또한 라부아지에는 1789년에 저술한 『화학원론』에서 질량보존의 법칙을 밝힌 이외에, 원소(元素)를 정의하고 오늘날 널리 쓰이는 방식인 물질의 원소기호와 새로운 화학 용어들도 제안하는 등 화학 발전의 토대를 굳건히 세웠다.

그런데 라부아지에의 본업은 탁월한 화학자와는 얼핏

어울리지 않는 듯한 '세금징수관'이었고, 이 직업은 곧 그를 단두대로 끌고 가게 되었다. 당시 혁명 직전의 프랑스에서 정부를 대신하여 세금을 거두어들이는 세금징수관은, 그렇지 않아도 가난과 고통에 시달리던 대다수 국민에게 공포와 저주의 대상이었다.

1789년에 프랑스대혁명이 일어나고 갈수록 혁명이 급진화되어서 자코뱅 산악파가 집권한 후로는 모든 세금징수관이 체포되기에 이르렀다. 특히 로베스피에르(Maximillien Robespierre, 1758-1794) 등의 공포정치 아래에서 세금징수관들에 대한 재판이 시작되어, 라부아지에 역시 재판을 받게 되었다. 재판장은 라부아지에가 세금징수관으로서 프랑스 국민들로부터 온갖 착취와 수탈을 일삼았으며, 국가에 납부하여야 할 많은 돈을 횡령하였다고 몰아붙였다.

라부아지에는 그간 과학자로서 국가에 공헌한 점을 고려하여 정상참작을 호소하였고, 자신의 중요한 실험을 위하여 재판을 2주일만 늦춰 달라고 청원하기도 하였으나, 재판장은 "공화국은 과학자를 필요로 하지 않는다"라고 답하였다고 한다.

라부아지에가 단두대에서 처형된 후, 여러 과학자가 그

의 죽음을 매우 애석하게 생각하였다. 특히 유명한 수학자이자 물리학자인 라그랑주(Joseph Louis Lagrange, 1736-1813)는 "그의 머리를 치는 데에는 1분도 걸리지 않았지만, 그와 같은 머리를 다시 만드는 데에는 백 년이 걸려도 부족할 것이다"라고 말하였다.

라부아지에의 비극적 죽음은 프랑스대혁명이라는 당시의 시대적 배경과 관련하여, 오늘날에도 많은 것들을 생각하게 한다. 대다수 과학자의 입장에서는 '과학기술의 중요성을 깨닫지 못한 민중들의 무지와 분노가 빚어낸 어처구니없는 결과'라고 생각했겠지만, 자코뱅 혁명주의자 등의 입장에서는 '착취받는 민중들의 고통을 외면했던 오만한 과학자의 자업자득 격인 말로'라고 볼 수도 있었을 것이다.

아무튼 그의 죽음은 한 세금징수관에 대한 처벌만을 의미하는 것이 아니었다. 당시의 과학을 '지식 귀족들에게 독점되고, 대다수 민중을 수탈하는 과학'이라고 규정하고, '새로운 민중의 과학'을 만들어야 한다고 주장한 자코뱅주의자들의 사고와도 긴밀한 관련이 있다고 할 것이다. 또한 이와 비슷한 사조는 그 후에도 과학의 발전에 의한 폐해가 지적될 때마다 간간이 역사상에 등장한 바 있고 자주 반

(反)과학주의로 나아간 바 있으며, 오늘날도 예외는 아니다. 특히 기존의 폐해와 부작용에 더하여, 지구온난화로 인한 기후 위기, 인공지능에 의한 새로운 위협까지 제기되는 오늘날, 대중들의 우려와 두려움 또한 갈수록 커지면서 이런 사조가 더욱 힘을 얻을지도 모른다.

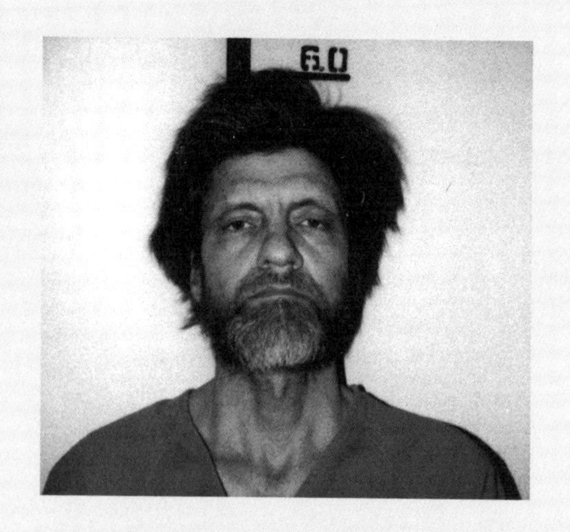

교도소에 수감되었던 유나바머(시어도어 카진스키)

ⓒFBI

유나바머는 왜 폭탄테러를 감행했나?

2016년 세계 최고수의 인간 바둑기사와 '세기의 대결'에서 승리한 인공지능 알파고(AlphaGo)는 많은 이들에게 놀라움과 두려움을 동시에 안겨준 바 있다. 영화 〈터미네이터(Terminator)〉 등을 떠올리면서, 이러다가 미래에는 인공지능과 로봇에게 인간이 지배를 당하는 것 아니냐고 우려하는 사람들이 적지 않았다. 미래를 디스토피아로 묘사하는 여러 SF영화들에서 반(反)과학기술 장면들이 간혹 등장하기도 하는데, 이와 유사한 일들이 실제로 일어난 적도 있다.

2014년 국내에서도 개봉된 바 있는 SF영화 〈트랜센던스

(Transcendence)〉를 보면, 획기적인 인공지능을 개발하려는 컴퓨터 과학자에게 반(反)과학기술 단체가 테러와 공격을 서슴지 않는 장면이 나온다.

사실 인류 역사상 과학기술에 대한 반대 움직임은 상당히 오래전부터 있었다. 산업혁명이 한창 진행되던 19세기 초 유럽에서 나타났던 러다이트 운동(Luddite Movement), 즉 기계파괴 운동 역시 그에 해당한다고 볼 수 있고, 20세기에도 격변기마다 정치적인 변혁 주장과 아울러 문명비판론이 고개를 들면서 현대 과학기술에 대한 반감이 커지곤 하였다.

그리고 영화에서처럼 컴퓨터를 개발하는 과학자 등에 대해 무자비한 테러를 실제로 감행하여 큰 충격을 준 이가 있었으니, 이른바 유나바머(UnABomber)가 그 주인공이다. 현대 문명이 인류를 파괴한다는 문명 혐오주의자였던 그는 20여 년간 전기와 수도도 없는 숲속 오지에서 은둔생활을 하면서, 1978년부터 컴퓨터 기술자 등 과학기술과 관련 있는 사람들에게 우편물 폭탄테러를 자행하여 수십 명의 사상자를 냈다. 그는 처음에 주로 대학과 항공사를 공격해 대학(University), 항공사(Airline)와 폭파범(Bomber)의 조합 의미로 유나바머로 불렸고, 미국연방수사국(FBI)의 추적을 받아 왔다.

1995년에 유나바머는 테러를 중단하는 조건으로 주요 신문에 현대 과학기술 문명에 대한 자신의 견해를 피력한 선언문을 게재해달라고 요구하였다. 이에 따라 《뉴욕타임스》와 《워싱턴포스트》에 그의 글이 실리기에 이르렀다. '산업사회와 그 미래(Industrial Society and Its Future)'라는 제목으로 3만 5,000자로 된 그의 선언문은 현대 산업사회와 첨단 기술문명을 신랄히 비판하는 내용으로서, 정연한 논리를 갖춘 명문으로 여기는 사람들도 적지 않다.

언론에 공개된 유나바머의 이 선언문은 결국 그의 정체가 탄로 나면서 경찰에 체포되는 결정적 단서를 제공하였다. 이 선언문에 나오는 주장이나 문체가 평소 형의 것과 유사하다고 유나바머의 동생이 제보를 했기 때문이다. FBI에 의해 체포된 유나바머의 본명은 시어도어 카진스키(Theodore John Kaczynski, 1942-2023)로, 그의 정체는 명문대학 교수를 지냈던 천재 수학자였기에 더욱 큰 놀라움과 충격을 주었다.

1942년 시카고의 폴란드계 이민자 가정에서 태어난 그는 어릴 적에 지능지수(IQ) 167을 기록할 정도로 신동이라는 소리를 들었고, 16세라는 어린 나이에 하버드대학 수학과에 입학하였다. 그리고 24세에 캘리포니아대 버클리분교(UC 버클리)의 사상 최연소 수학 교수가 되었으나, 사람들과 잘 어울리지 못하는 성격 등으로 인하여 교수직을 그만두고 몬태나 주의 오두막에서 은둔생활을 시작했다고 한다.

1998년에 법원으로부터 종신형을 선고받은 그는 수감생활을 해오다가, 2023년 6월에 교도소 내에서 숨진 채로 발견되었다. 그의 정확한 사인은 공개되지 않았으나 자살로 추정된다고 한다.

유나바머처럼 극단적인 행동을 하지는 않겠지만, 저명 과학기술자 중에 미래의 첨단 과학기술에 대해 우려와 경고를 하는 이들이 적지 않다. 유명 컴퓨터 업체인 썬마이크로시스템즈의 공동 창립자인 빌 조이(Bill Joy, 본명 William Nelson Joy, 1954-)가 대표적인데, 그는 일찍이 한 잡지에 '미래는 왜 우리를 필요로 하지 않는가(Why the Future Doesn't Need Us)'라는 글을 발표하여, 첨단 과학기술의 발전이 인류의 종말을 초래할 수도 있다고 경고하여 적지 않은 파문을 일으킨 바 있다.

그는 대표적인 첨단기술인 유전공학(Genetics), 나노공학(Nanotechnology), 로봇공학(Robotics)의 세 분야를 예로 들어 GNR로 지칭하면서, 이들 기술에 의해 인간의 개성이 말살되고 급기야는 인류가 파괴될지도 모른다고 말했다.

물론 과학의 오용(誤用) 및 첨단기술의 부작용에 대한 우려와 경고는 그냥 지나쳐버릴 수만은 없으며, 연구개발 단계에서부터 이를 사전에 감안할 필요도 있을 것이다. 그러나 인공지능 등을 다룬 상당수의 디스토피아적인 SF영화들이 상업성 등으로 그 우려와 공포가 지나치게 과장되는 경우도 적지 않다. 설령 그러한 우려와 경고가 틀리지 않다고 해도 반(反)과학기술이나 테러와 같은 극단적 방식으로는 어떠한 해결책도 마련할 수가 없음을 유의하여야 할 것이다.

(2부)

스스로 생을 마감한 과학기술자들

나일론의 발명자 캐러더스

노벨화학상도 손색없는 나일론의 발명자 캐러더스

어떤 이유에서건 스스로 목숨을 끊는다는 것은 가슴 아픈 일이 아닐 수 없다. 그런데 인류 역사의 여러 방면에서 잘 알려진 인물들 중에는 자살이라는 극단적인 방식으로 생을 마감한 사람들이 적지 않다. 비운의 화가 고흐(Vincent van Gogh, 1853-1890), 세기적 문호 헤밍웨이(Ernest Miller Hemingway, 1899-1961) 등 문학, 예술 방면에서 천재적인 재능을 보였던 이들도 있고, 히틀러(Adolf Hitler, 1889-1945)와 같은 실패한 정치가나 그 밖에도 많은 경우들이 있을 것이다.

과학기술의 역사에 있어서도 자살한 사람들의 경우가

결코 적지 않다. 그 원인으로서 가정사나 질병 등 개인적 문제들도 있겠지만, 과학자의 경우 연구상의 좌절이나 위기, 기술자나 발명가의 경우에는 사업화의 실패 등 자신의 일과 관련된 경우가 무척 많다. 불행히도 스스로 생을 마감한 과학기술자들 중에는, 과학기술의 발전에 있어서 획기적인 전기를 마련한 중요한 인물들도 상당수 포함되어 있다.

1938년 9월 21일, 미국의 유명한 화학회사 듀폰(Du Pont)은 '나일론(Nylon)'이라는 새로운 섬유의 발명을 공식적으로 발표하였다. 신문들은 '석탄과 공기와 물로 만든 섬유', '거미줄보다 가늘고 강철보다 질긴 기적의 실'로 불리는 나일론의 탄생을 대대적으로 보도하였고, 이 소식을 들은 사람들은 깜짝 놀라지 않을 수 없었다. 그중에는 명주도, 식물성 재질도 아닌 석탄, 물, 공기 따위로 어떻게 섬유를 만들 수 있느냐고 엉터리임이 틀림없다고 말한 사람도 있었고, 그래도 세계 굴지의 화학회사인 듀폰과 신문사들이 아무 근거 없는 이야기를 했겠느냐면서 큰 관심을 보인 사람도 있었다.

1939년의 뉴욕 만국박람회에서 나일론은 가장 인기 있는 품목이었고, 1940년 5월, 뉴욕에서 여성용 나일론 스타

킹의 판매가 시작되자 많은 여성이 구름처럼 몰려들어 스타킹을 사고서 치마를 걷어붙이고 그 자리에서 신어보았다고 한다. 값싸고 질 좋은 나일론의 인기는 가히 폭발적이라고 할 만했다.

그러나 정작 이 섬유 제품의 개발자 캐러더스(Wallace Hume Carothers, 1896-1937)는 자신의 발명품이 날개 돋친 듯 팔려나가는 행복한 장면을 볼 수가 없었고, 그로 인한 부와 명성도 생전에 누리지 못했다. 캐러더스 박사는 듀폰 사가 나일론의 발명을 발표하기 전 해인 1937년 4월, 필라델피아의 한 호텔에서 독극물을 먹고 자살을 하고 말았기 때문이다.

캐러더스는 1896년 4월, 미국 아이오와 주 버링턴에서 가난한 집안의 장남으로 태어났다. 상업학교에 재직했던 아버지의 뜻대로 캐러더스는 상과 대학 속성과에 들어가 공부하여 졸업까지 하였으나, 그의 소원은 수학이나 과학을 연구하는 것이었다.

그리하여 미주리 주 타키오대학에서 상학부 조교를 하면서 화학을 공부하여 우수한 성적으로 졸업하였고, 일리노이대학에서 유기화합물에 관한 연구로 박사학위를 받은 후 하버드대학에서 강의와 연구를 하게 되었다. 하버드대학 코넌트(James Bryant Conant, 1893-1978) 교수의 연구실에서 당시로서는 첨단 분야인 고분자화학을 연구한 캐러더스는 탁월한 유기화학자라는 평을 들었으나, 강사의 연봉은 그다지 높지 않았고 연구 예산 역시 한정되어 있었다.

그러던 중 그의 스승 코넌트는 캐러더스를 듀폰 사의 중앙연구소에 추천하였고, 듀폰 사에서도 그를 적극 채용하려 하였다. 그는 처음에는 망설였으나, 세계 굴지의 화학회사인 듀폰 사에서 충분한 연구비와 풍부한 기자재를 지원받아서 자신이 하고 싶은 연구를 계속하는 것이 좋겠다고 판단하였다. 연봉 또한 하버드대 강사보다 세 배 가까이 높은 수준이었다.

1928년 듀폰 사에 입사한 그는 이듬해에 중앙연구소의 기초연구부장이 되어서 분자량이 작은 물질을 연결해 고분자를 만드는 '고분자 중합연구'를 주도하였다. 그의 연구팀은 이 과정에서 천연고무보다 우수한 물성을 지닌 합성고무 네오프렌(Neoprene)을 발명하였고, 이어서 합성섬유의 연구에 주력하게 되었다.

합성섬유 나일론의 발명에서도 우연과 행운의 발명, 이른바 세렌디피티((Serendipity)가 실마리를 제공하였다. 연구원 중 한 명인 줄리언 힐(Julian Werner Hill, 1904-1996)이 실패한 찌꺼기를 씻어내려 불에 쬐어 휘저은 결과, 찌꺼기가 계속 늘어나서 실 같은 물질이 되었던 것이다. 이것을 본 캐러더스는 합성섬유의 개발을 본격적으로 추진하였고, 1935년에 마침내 합성섬유로 적합한 폴리아마이드를 발견하여 나일론의 시제품을 만들어내었다.

듀폰 사는 시제품 나일론을 상품화하기 위하여 230명의 화학기술자를 포함하는 대규모의 연구개발 인력과 시설을 총동원하였고, 1938년에 나일론을 공식적으로 세상에 선보였다. 석탄과 물과 공기에서 만들어진다는 '이상한 섬유' 나일론은 양말, 의류, 로프 등으로 급속히 보급되었고, 제2차 세계대전 중에는 낙하산의 제조에 주로 이용되었다. 나일론의 발명에 힘입어 인류는 의복의 재료를 면화, 비단, 모피 등의 자연물뿐만 아니라 대량생산되는 인공합성물로부터도 값싸게 얻을 수 있게 되었다.

나일론의 발명과 실용화는 또한 민간기업이 대규모의 연구개발 능력을 바탕으로 기초과학의 성과를 상용화로 연결하여 신제품 개발에 대성공을 거둔 최초의 중요한 사례로서, 여러 시사점과 교훈을 준다고 볼 수 있다. 특히

1929년부터 시작된 세계대공황이라는 어려운 상황에서도, 듀폰 사 경영진은 불황을 극복하기 위해서라도 튼튼한 기초연구에 기반한 신제품 개발이 옳은 길이라 판단하여, 힘닿는 대로 연구인력과 비용을 한껏 지원하였다.

예전에 비해서는 나아졌는지 모르겠지만, 밑바탕이 되는 기초연구는 소홀히 하면서 당장 눈앞의 단기적 성과에만 급급한 경우가 적지 않았던 우리의 기업 및 사회 풍토에도 경종을 울린다 하겠다. 우리나라에서는 1997년 말에 터진 IMF 구제금융 시기에, 장래의 희망이 되어야 할 연구원들이 가장 먼저 직장에서 내쫓겼다는 사실은 이후 우수 학생들의 이공계 기피 현상에도 한 원인으로 작용한 바 있다.

한편 나일론의 발명자 캐러더스가 성공을 거두고서도 자살을 택한 데에는, 개인적 문제와 연구상의 문제가 함께 작용했을 것으로 보인다. 어릴 적에 몸이 허약했던 캐러더스는 성년이 되어서는 약간의 우울증이 있었는데, 러시아 음악을 좋아했던 그는 자살하기 직전에 누이가 갑작스럽게 죽으면서 우울증과 신경쇠약 증세가 더욱 악화되었다고 한다.

또한 나일론의 상품화 연구 과정에서 상사와 갈등을 빚

은 것도 큰 원인으로 추정된다. 애초 삼고초려(三顧草廬)에 비유될 만큼 적극적으로 캐러더스를 듀폰 사에 스카우트한 스타인(Charles Milton Altland Stine, 1882-1954) 박사는 중앙연구소 화학부서 책임자로서, 경영진을 설득하여 장기적인 기초연구 조직을 확립하도록 하였고 캐러더스에게도 자유로운 기초연구를 보장하였다. 그러나 스타인이 더 승진하여 떠난 후에 후임자로 왔던 볼턴(Elmer Keiser Bolton, 1886-1968)은 기초연구보다는 상업적 이용이 가능한 구체적 성과와 목적 지향적 연구를 중시하였고, 캐러더스의 연구팀에도 이를 종용하였다. 캐더더스는 상사의 요청에 따르기는 하였으나 그런 연구에는 갈수록 흥미를 잃었고, 자신이 설 자리가 없다고 느끼면서 우울증이 심해졌던 것이다.

아무튼 그는 자신의 발명품이 세상에서 큰 빛을 발하는 것을 보지 못한 채, 41세의 아까운 나이로 스스로 삶을 마쳤다. 그의 죽음 소식을 접한 과학자들은 미국의 장래 노벨화학상 수상자를 하나 잃었다며 안타까워하였다.

엔트로피 공식이 적혀있는 볼츠만의 묘비

통계역학의 창시자 볼츠만

1965년도 노벨물리학상 수상자인 리처드 파인만(Richard Phillips Feynman, 1918-1988)은 나노과학기술과 양자컴퓨터의 개념을 처음 제시했을 뿐 아니라, 명강연과 여러 재미있는 행적 등으로도 잘 알려진 물리학자이다. 그가 강연 중에 다음과 같은 말을 한 적이 있다.

"장기 말이 한두 개만 놓인 장기판의 한 귀퉁이만 보면, 당장 무엇이 어떻게 될까 판단할 수 있습니다. 그러나 장기 말 모두가 놓인 장기판 전체를 보면, 장기 말이 너무 많아 무엇이 어떻게 될 것이라고 예측하지 못합니다. 마찬가지로 이 자리에서 내가 여러분에게 이야기하고 여러분은 고개를 끄덕이고 있는 이 행위도 따지고 보면 간단한 법칙을 따르는 하나하나의 원자가 엄청나게 많이 모여서 일어나고 있는 현상인데, 이것을 믿는 사람은 많지 않습니다."

이 얘기는 물리학의 한 분야인 통계역학의 중요성을 강조한 대목이다. 기존 물리학의 주요 관심사는 자연현상을 일으키는 기본 법칙들을 밝혀내는 것이었다. 중력, 전자기력 등의 입자 간에 상호작용하는 힘, 물체의 운동법칙 등 많은 물리학의 법칙들이 이에 속한다. 즉 장기에 비유한다면, 장기 말 하나하나가 움직이는 규칙을 알아내려 한 것이라고 볼 수 있겠다.

그러나 장기 말 각각의 규칙을 안다고 해서 장기 한 판의 승부를 예측할 수 없는 것과 마찬가지로, 원자 등의 기본 입자에 작용하는 힘과 법칙 등을 알아냈다고 해서 자연현상을 다 이해했다고 말할 수는 없을 것이다. 기체 및 유체의 운동, 기상의 변화 등 입자의 수가 매우 많은 대부분의 자연계에서 일어나는 현상들은 무척 다양하고 복잡하며, 인간을 포함한 생명현상도 그중 하나이다.

이와 같이 복잡한 자연현상을 많은 입자의 집단적 시

스템의 운동으로 설명하려는 것이 곧 통계역학이며, 극도의 복잡성에서 새로운 질서를 찾아내는 것이 그 목표이다. 통계역학은 19세기 후반, 오스트리아의 물리학자 볼츠만(Ludwig Eduard Boltzmann, 1844-1906) 등에 의해서 창시되었다.

오스트리아의 빈에서 태어난 그는 빈대학에서 물리학을 공부하였는데, 그가 주로 연구한 분야는 기체의 운동과 열 현상 등에 대한 것이었다. 볼츠만은 졸업 후에 그라츠대학, 빈대학, 라이프치히대학 등을 옮겨 다니며 교수로 일하면서 여러 업적을 쌓았다. 그의 지도교수였던 슈테판(Josef Stefan, 1835-1893)이 열복사의 연구에서 실험적으로 발견하고 볼츠만이 이론적으로 증명한 슈테판-볼츠만의 법칙(Stefan-Boltzmann law)은 훗날 양자역학의 탄생 계기를 마련하는 중요한 역할을 하였다.

볼츠만은 또한 기체의 운동에 관한 맥스웰(James Clerk Maxwell, 1831-1879)의 연구를 이어받아, 열평형 상태에서 기체분자의 속도에 따른 확률분포를 구하는 맥스웰-볼츠만 분포(Maxwell-Boltzmann distribution)를 확립하였다. 이 과정에서 통계역학의 기본을 이루는 중요한 가설과 방정식 등을 도입한 볼츠만은, 열역학 제2법칙 역시 통계역학으로 명확히 해석하였다.

열역학 제1법칙은 전체 에너지가 보존됨을 의미하는 반면, 열역학 제2법칙은 에너지가 흐르는 방향을 규정한다. 즉 열은 뜨거운 물체에서 차가운 물체로 스스로 옮겨갈 수 있지만, 그 역은 불가능하다. 열이 온도가 낮은 곳에서 높은 곳으로 스스로 옮겨갈 수는 없으므로, 이처럼 방향을 거슬러 열을 이동시키려면 에어컨이나 냉장고의 경우처럼 별도의 에너지를 공급해줘야만 가능하다.

볼츠만은 열역학 제2법칙이 나타내는 에너지가 흐르는 방향이란 바로 엔트로피(Entropy), 즉 무질서도가 증가하는 방향임을 통계역학적으로 밝혀냈다. 따라서 열적 현상의 비가역과정(Irreversible process)은 미시적으로 원자, 분자 등의 운동개념으로 설명되어야 한다고 역설한 것이다.

그러나 그의 이러한 주장은 마하(Ernst Mach, 1838-1916), 오스트발트(Wihelm Ostwald, 1853-1932) 등 원자론에 반대하는 당시의 학자들과 수많은 논쟁을 불러일으키곤 했다. 특히 1895년 뤼베크에서 열린 독일 자연과학자 대회에서의 대논쟁은 매우 유명한데, 많은 학자가 원자론자와 원자 반대론자의 두 갈래로 나뉘어 치열한 논쟁을 거듭하였다. 돌턴

(John Dalton, 1766-1844)의 원자론이 나온 지 거의 100년이 되었건만, '눈에 보이지 않는' 원자의 존재를 믿지 않는 과학자들도 매우 많았던 것이다.

그 후 원자론자들은 일정 부피에 들어 있는 기체 원자의 수를 정밀하게 계산해내고, 기체의 미립자 운동 즉 브라운 운동을 분자운동의 이론으로 해석해내는 등 명확한 근거를 제시하였다. 결국 원자 반대론자들의 주장은 힘을 잃을 수밖에 없었고, 원자·분자론은 현대과학에서 기초를 이루면서 수많은 분야에 적용된다.

그러나 통계역학의 창시자이며 원자론을 승리로 이끈 핵심 인물이었던 볼츠만은 1906년 9월 6일, 한 휴양지에서 자살한 채로 발견되었다. 그의 아내와 딸이 수영장에서 즐거운 시간을 보내는 동안, 그는 호텔방에서 목을 매는 극단적 행동을 하고 만 것이다. 그가 자살한 원인은 그간 반복된 원자 반대론자들과의 격렬한 논쟁에 지쳤기 때문이라고 하며, 말년에 극심한 우울증과 신경쇠약 증세에 시달렸다고 한다.

한편으로는 그가 제시한 통계역학 이론에 비춰본 우주의 미래를 비관하였기 때문이라는 설도 있다. 즉 우주를 닫

힌계(Closed system)로 보면 우주 전체의 엔트로피(Entropy)는 계속 증가하여, 그것이 최고에 이르는 순간은 바로 우주의 열적 죽음, 즉 종말을 맞이할 수밖에 없다고 보았다는 것이다.

그러나 이는 후세 사람들이 그럴듯하게 지어낸 것으로 추정되며, 당시 볼츠만은 자신의 주장이 주류 학계에서 받아들여지지 않는 데에 대해 크게 분노하고 상심했던 것으로 보인다. 특히 1895년의 뤼베크 대논쟁 이후로도 같은 빈대학에 재직하던 마하와 큰 갈등을 일으켰고, 이후 학술대회에서도 마하를 추종하는 다수 과학자는 볼츠만의 통계역학과 엔트로피 이론에 계속 반대하였다. 결국 심적으로 그다지 강건하지 못했던 그는 우울증과 신경쇠약 증세가 더욱 악화되었던 것이다.

비록 볼츠만은 스스로 세상을 떠났으나, 그가 제시한 통계역학이라는 새로운 과학적 방법론은 물리학뿐만 아니라 다른 여러 과학 분야에도 널리 적용되는 것이다. 고전역학, 전자기학, 양자역학과 함께, 통계역학은 물리학도들이 학부와 대학원에서 반드시 배워야 할 필수 기본과목의 하나이다. 아울러 자연과학뿐 아니라 철학이나 사상사적 측면에서도 중요한 의미를 지닌다.

오늘날 물리학을 비롯한 과학기술의 여러 분야, 이제는 심지어 경제학, 정치학 등의 사회과학에도 응용되는 카오스 이론(Chaos theory)과 같은 '복잡성의 과학'에도 볼츠만은 그 토대를 제공했다고 할 수 있을 것이다.

자신의 소다공장을 정부에 몰수당하는 우여곡절 끝에 권총 자살한 르블랑의 동상

프랑스대혁명 와중에 날아간 르블랑의 소다 공장

우리나라에서도 과학기술과 산업의 발전에 큰 공헌을 한 분들이 스스로 목숨을 끊는 안타까운 일들이 그동안 간혹 일어난 적이 있다. 과학기술자들의 자살 원인에는 여러 가지가 있겠지만, 공장을 억울하게 빼앗기는 등 사업상 실패로 자살한 인물로서 소다의 발명자 니콜라 르블랑(Nicolas Leblanc, 1742-1806)이 있다.

흔히 소다라 지칭되는 나트륨계 화합물은 나트륨의 영어 명칭인 '소디움(Sodium)'에서 비롯된 것으로서, 비누와 유리의 제조, 식품첨가물 등 다양한 용도로 쓰이고 있고 종류도 탄산소다(Na_2CO_3), 가성소다($NaOH$) 등 여러 가지가 있다. 화학공업이 눈부시게 발전한 오늘날에는 특별히 중요한 물질이 아닐 수 있겠으나, 역사적으로 소다, 특히 탄산소다는 근대 산업사회에서는 무척 중요한 물질이었다. 황산과 아울러 소다의 대량 제조가 중화학공업의 시초였다고 볼 수 있다.

유럽에서는 근대 이후 비누의 원료가 되는 소다를 주로 나무를 태운 재에서 얻었는데, 비누와 소다의 수요가 증가하면서 점점 더 많은 나무가 필요하였다. 이로 인하여 유럽 각 지역은 산림과 자연환경이 위협받을 지경에 이르렀고, 따라서 나무를 태우지 않고 소다를 대량으로 제조하는 방법을 찾게 되었다.

한편 프랑스에서는 해초를 태운 재를 소다의 원료로 사용하고 있었는데, 대부분 스페인으로부터 수입해서 비누를 만드는 데에 써왔으나, 18세기 초 프랑스와 스페인의 전쟁 이후 수입이 막히게 되었다.

그리하여 1775년 프랑스 과학아카데미는 거액의 상금을 내걸고, 식물 자원을 원료로 하지 않는 세탁용 소다 제조법의 발명을 널리 공개 모집하게 되었다. 프랑스 과학아카데미는 예전부터 해결이 어려운 문제가 있을 때 과제를 공모하는 방식으로 해결책을 찾는 전통을 지니고 있었다. 이와 같은 난제의 현상공모는 세계 각국의 정부기관이나 민간단체 등에서 오늘날까지도 간혹 사용되고 있다.

몇몇 사람들이 소금과 황산으로부터 소다를 만드는 방법을 고안하였고, 이를 통하여 소다를 제조하기도 하였다. 그러나 그 과정에서 철이나 납, 식초와 석탄 등이 필요하였으므로 비용이 적지 않게 들었다.

프랑스의 귀족 오를레앙 공작(Duke of Orléans)의 주치의로 일하던 니콜라 르블랑은 한때 화학을 공부했던 사람으로서, 세탁용 소다의 제조법에 관심을 가지게 되었다. 보다 싼 가격으로 소다를 만들 수 있는 방법을 연구하던 그는 먼저 당시 쉽게 구할 수 있었던 황산과 소금을 섞어서 황산나트륨을 만들었다. 그다음으로 이로부터 탄산소다를 대량으로 만드는 일은 쉽지 않았는데, 르블랑은 몇 년간의 시행착오 끝에 황산나트륨에 목탄과 석회석을 섞은 후 노 속에서 구워서 탄산소다를 추출해내는 방법을 발명하였다. 이른바 '르블랑식 소다 제조법'으로 불린 이 방법은 과학아카데미의 공모에도 당선되었다.

그 당시는 화학이 이론적으로 그다지 발달하지 않았던 시기였으므로, 르블랑이나 화학자들도 여러 화합물의 분자식이나 화학반응 과정에서의 반응식 등을 제대로 알 수가 없었다. 따라서 르블랑은 소다 제조법을 확립하기까지 실패를 거듭하면서 무척 많은 노력을 했을 것이다.

1790년 조수와 함께 대량 생산법을 개선한 그는 본격적으로 소다를 생산할 계획을 세운 후 오를레앙 공작의 자금을 바탕으로 하여 소다 공장을 설립하였고, 1791년 프랑스 정부로부터 르블랑 공법에 대한 특허도 부여받았다.

그러나 1789년에 시작된 프랑스대혁명의 소용돌이가 점점 거세어져서, 자코뱅 산악파가 득세한 후에는 국왕 루이 16세(Louis XVI, 1754-1793)를 비롯한 많은 왕족과 귀족이 사형에 처해졌다. 1793년 11월, 결국 르블랑의 후원자였던 오를레앙마저 재판에 회부되어 단두대의 이슬로 사라졌다. 그 과정에서 오를레앙의 전 재산은 혁명정부에 몰수되었고, 르블랑의 공장 역시 그 목록에 포함되어 있었다.

그는 공장에서 쫓겨났고 특허로까지 받았던 르블랑식 소다 제조법은 그에게 아무런 보상도 없이 일반에 공개되고 말았다. 르블랑은 이후 혁명의 소용돌이가 조금 잠잠해

지자 정부 고위층에게 자신의 처지를 호소하면서 소다 공장의 반환을 청원하였다.

나폴레옹(Napoléon I, 1769-1821)이 집권한 후인 1800년, 프랑스 정부는 산업에 꼭 필요한 소다의 제조를 촉진하기 위하여 그의 공장을 돌려주었으나 이미 7년의 세월이 흐른 뒤였다. 르블랑은 공장 재건을 위하여 자금을 모으고 설비를 갖추려고 백방으로 노력했으나 뜻대로 되지 않았고, 아내마저 병석에 눕게 되었다. 아내와 함께 극빈자 구호소에 들어간 그는 절망 속에서 실의의 나날을 보내다가, 1806년에 권총으로 자살함으로써 한 많은 일생을 마감하였다.

르블랑은 소다 공장을 세우기 직전인 1790년 3월, 자신의 불길한 운명을 예견한 듯 소다 제조법이 담긴 가방을 한 변호사에게 맡겼는데, 보관 기간이 '50년'이라고 말해서 변호사는 깜짝 놀랐다고 한다. 그로부터 66년이 지난 후 프랑스 과학아카데미는 그 가방을 발견하였고, 그 안의 서류에는 르블랑식 소다 제조법과 함께 그가 최초로 그것을 발견한 사실이 기록되어 있었다고 한다. 자손을 위하여 발명의 권리를 남기려 한 그는 자신이 예감한 대로 프랑스대혁명 와중에 비극적인 삶을 마쳤다.

자신이 발명한 피드백 회로에 대해 설명하는 암스트롱

대기업과의 경쟁에서 밀려난 암스트롱

현대 전기전자공학기술의 비약적인 발전에 힘입어 인류는 많은 문명의 이기들을 누리고 있고, 그중 '무선' 제품과 기술들은 오늘날에도 급속한 발전을 거듭하고 있다. 라디오, 공중파 TV 등의 방송에서부터 휴대전화, 태블릿 PC 같은 개인용 통신, 정보기기들이 널리 대중화되면서, 세상은 눈에 보이지 않는 전자기파로 홍수를 이루고 있다.

무선기술을 최초로 실용화하는 데에 성공한 인물로는, 무선전신의 발명자로 잘 알려진 마르코니(Gugliemo Marconi, 1874-1937)를 들 수 있다. 그 공로로 그는 1909년도 노벨물리학상을 받았고, 무전기, 라디오, TV 등이 세상에 나올 수 있는 길을 열었다.

그러나 이것이 마르코니만의 공로는 아닐 것이다. 그에 앞서서 맥스웰(James Clerk Maxwell, 1831-1879)과 헤르츠(Heinrich Rudolf Hertz, 1857-1894)는 '전자기파'의 존재를 수식으로 예견하고 이를 실험적으로 확인했고, 더 거슬러 올라가자면 패러데이(Michael Faraday, 1791-1867)는 전자기유도 등 많은 전기적 현상들을 발견, 입증하고 전기력선 등의 개념을 도입한 바 있다. 여러 물리학자의 이론적, 실험적 노력이 결실을 맺어 오늘날과 같은 무선 시대의 서막을 열게 된 것이다.

마르코니에 이어서 무선기술을 발전시켜 실용화하는 데에 공헌한 인물로는 미국의 전기기술자, 공학자들이 많은데, 라디오 방송의 선구자 페선던(Reginald Fessenden, 1866-1932)과 3극 진공관의 발명자 디 포리스트(Lee de Forest, 1873-1961)를 대표적으로 꼽을 수 있다.

이들 외에도 또 한 사람의 중요한 인물로, 피드백 회로(Feedback circuit)와 FM 방송을 발명한 전기공학자 암스트롱(Edwin Howard Amstrong, 1890-1954)이 있다. 그는 무선기술의 발전에 획기적인 업적을 남겼음에도 불구하고, 사업화와 관련된 경쟁에서 밀려나자 스스로 목숨을 끊고 만 불우한 인물이기도 하다.

1890년 미국 뉴욕 태생의 암스트롱은 컬럼비아대학 재학 시절부터 스승 푸핀(Michael Idvorsky Pupin, 1858-1935) 교수의 지도 아래 무선기술 등을 연구하였고, 3극 진공관의 여러 기능에 대해서도 깊이 검토하였다. 푸핀은 통신 선로에 적당한 간격으로 코일을 끼워 신호의 감쇠를 줄이는 방법인 장하(裝荷) 코일을 발명하여, 장거리 통신기술의 발전에 중요한 기여를 한 인물이다.

암스트롱은 1914년에 피드백 회로라는 것을 발명하였다. 이는 출력부의 신호를 다시 입력부로 되돌려서 증폭시키는 것인데, 오늘날까지 전기전자회로기술에서 매우 폭넓게 응용되는 원천적이며 중요한 발명이다. 암스트롱의 피드백 회로가 라디오 방송기술 등 무선기술 발전에 크게 공헌하자, 미국 무선공학자협회에서는 발명자인 그의 공로를 기리는 의미에서 기념 메달을 수여하기도 하였다.

1935년 푸핀의 후임으로 컬럼비아대학 전기공학 교수로 재직하게 된 암스트롱은 무선기술의 발전에 획기적인 공헌을 한 또 하나의 독창적인 발명을 이루어내었다. 라디오 방송 방식으로서 주파수변조(Frequency Modulation, FM) 방식을 창안한 것인데, 기존의 진폭변조(Amplitude Modulation, AM) 방식에 비해 노이즈가 적어서 선명한 음질을 얻을 수 있을 뿐만 아니라 기상현상의 영향도 적게 받는 등 여러 장점을 지녔다. 이러한 FM 방식은 지금도 음악방송 등의 스테레오라디오 방송에 그대로 이용되고 있다.

그러나 암스트롱은 전기공학과 무선기술 분야에서 탁월한 능력을 발휘하며 뛰어난 업적을 남겼음에도 불구하고, 사업화의 과정에서는 그다지 운이 따르지 못했고 패배의 쓴잔을 여러 번 마셔야 했다. 어찌 보면 공학자로서의 자존심에 집착한 그가 무모하게 싸움을 거듭한 대가일 수도 있겠고, 사업자들의 생리를 제대로 파악하지 못한 결과였는지도 모른다. 특히 여러 번 치렀던 특허소송은 그를 매우 힘들게 만들었고, 결국 죽음으로 몰아넣었다.

암스트롱은 피드백 회로 기술을 둘러싸고 3극 진공관의 발명자인 디 포리스트와 특허분쟁을 벌인 적이 있다. 3극 진공관이 처음에는 증폭용으로 사용되지 않았으나, 나중에 전화기 등의 음성을 키우는 오디온(Audion)이라는 증폭관으로 널리 응용되면서, 기술적으로 피드백 회로와 유사한 점이 있었기 때문이다.

당시 디 포리스트는 거의 파산 상태였으므로, 암스트롱은 특허권에 따른 경제적 이익보다는 '피드백 회로의 창시자'라는 명예를 더 중시하여 먼저 소송을 제기한 것이었다. 그러나 10년 이상을 끈 지루한 분쟁 끝에 미국의 대법원은 암스트롱의 독창성을 중요하게 판단하면서도, 그와 유사한 기술이 디 포리스트 등 다른 사람에 의해서도 독립적으로 개발될 수 있다는 점을 인정한다는 판결을 내렸다. 소송에서 패한 암스트롱은 너무도 분개한 나머지, 피드백 회로 발명의 공로로 미국 무선공학자협회로부터 받은 기념 메달까지 반납해버렸다고 한다.

또한 그가 창안한 FM 방송은 기술적으로 뛰어난 점이 많음에도 불구하고, 기존의 대형 방송사로부터는 그다지 환영받지 못했다. RCA(Radio Corporation of America, 미국 라디오 회사)와 같은 당시 미국 최대의 방송 기기 관련 제조회사는 이미 AM 방식으로 대규모 투자를 해놓은 상태였으므로, 굳이 새로운 방식으로 인하여 손해 보기를 꺼려 했기 때문이다. 암스트롱은 RCA에 대항하여 독자적으로 새로운 FM 방송망을 이루려 노력하였고, 여러 군소 방송사들에 의해 FM 방송도 서서히 빛을 발하기 시작하였다.

RCA는 라디오 방송사인 NBC(National Broadcasting Co.)를 설립했고, 미국의 텔레비전 표준 규격이 된 NTSC(National Television Systems Committee) 시스템을 창안했을 만큼, 라디오와 텔레비전 기기 및 방송에서 독보적인 위치에 있던 업체였다. 21세기 이후 텔레비전이 디지털 방식으로 바뀌면서 오늘날에는 사용되지 않지만, NTSC 방식은 아날로그 텔레비전 시절 미국과 우리나라를 포함한 많은 나라에서 텔레비전 표준 규격으로 군림해왔다.

RCA와 암스트롱은 드디어 숙명적인 한판 승부를 벌이게 되었는데, 어느 쪽이 더 많은 주파수대역을 차지하는가 하는 싸움으로 승부가 판가름 나게 되어 있었다. 제2차 세계대전 이후 민생용 텔레비전 방송의 확장에 주력해오던 RCA는 텔레비전 방송을 위한 좋은 주파수대역을 차지하려 하였고, 암스트롱 측은 FM 방송을 위한 더 많은 주파수대역을 얻어내려 애썼다.

그러나 '심판관' 격인 미국 연방통신위원회(Federal Communications Commission, FCC)는 결국 RCA의 손을 들어주었고, FM 주파수대역을 다른 곳으로 옮기고 예전의 FM 대역을 텔레비전 방송이 사용하도록 결정을 내렸다.

이로 인하여 종래의 FM 방송 관련 장비, 시설들이 일순간에 고철 덩어리로 돌변하였고, 암스트롱은 치명적인 패배를 당하게 된 것이었다. 그는 다시 RCA와 그 소유 방송사인 NBC를 상대로, 이들이 자신의 FM 방송 관련 특허를 침해하였다는 소송을 냈으나, RCA와 같은 거대기업에 단신으로 맞서 싸운다는 것은 너무도 벅찬 일이 아닐 수 없었다. 다시 오랜 시간을 끈 소송 과정에서 그는 심신이 몹시 지치게 되었고 경제적으로도 거의 파산 상태에 이르고 말았다. 1954년 암스트롱은 자신이 살던 아파트의 10층 창문에서 투신자살하여 영욕이 교차했던 일생에 스스로 종지부를 찍었다.

12개의 노를 젓는 방식인 피치의 증기선 모형

끝내 좌절된 증기선의 꿈

증기선의 아버지로 잘 알려진 풀턴(Robert Fulton, 1765-1815)이 자신의 증기선 노스리버(North River)호를 미국 허드슨 강에서 시험 운항한 것은 1807년 8월이었다. 40m 정도 길이에 두 개의 외륜을 장착한 이 배는 모양도 괴상하게 생긴데다가, 그간 풀턴의 거듭된 실패 때문인지 '풀턴의 바보'라는 달갑지 않은 별명으로 불렸다. 그러나 40명의 승객을 태우고 시속 7.5km 속력으로 32시간 동안 240km의 뱃길을 무사히 운항하였다.

시험 운항의 성공을 계기로 풀턴은 운송회사를 차렸고,

정기항로를 개설하여 본격적인 증기선 상업 운항에 나섰다. 그는 증기선의 성능을 더욱 개선하여 이름을 클러먼트(Clermont)호라 바꾸었다. 풀턴의 사업이 큰 성공을 거두자 증기선은 바다로도 진출하였고, 대항해시대부터 대양을 주름잡던 범선은 결국 증기선에 밀려 자취를 감춰가게 되었다.

풀턴이 동력기선의 시대를 성공적으로 열게 한 장본인인 것은 틀림없으나, 그가 만든 노스리버호(클러먼트호)가 세계 최초의 증기선인 것은 결코 아니다. 와트(James Watt, 1736-1819)가 증기기관의 최초 발명자가 아니고 스티븐슨(George Stephenson, 1781-1846)의 증기기관차가 처음이 아닌 것과 마찬가지이다.

풀턴보다 앞서서 여러 선구자가 증기선을 연구하거나 발명하였으나 상용화에는 성공하지 못했고, 그들 중에는 불행하게 삶을 마친 이들도 있다. 풀턴의 증기선이 실용화에 성공한 배경으로는 그의 사업적 수완과 아울러, 물의 저항을 극복하기 위한 연구 등을 통하여 기존 증기선의 단점과 문제를 극복한 점을 꼽을 수 있다.

근대적인 증기기관이 발명되기 전인 17세기부터 증기력을 이용하여 배를 구동시키려는 시도가 있었다. 프랑스 태생의 물리학자이며 발명가인 파펭(Dionysius Papin, 1647-1714)이 1690년에 대기압기관을 이용하여 배의 외륜을 회전시킬 수 있음을 보였다고 하는데, 당시의 기술 수준으로는 설계도의 제작에 만족해야 했다.

1736년에는 영국의 헐스(Jonathan Hulls, 1699-1758)라는 사람이 처음으로 증기기관을 이용하여 배를 만들어서 특허까지 취득하였다. 그 당시는 와트의 증기기관이 세상에 나오기 전이었고, 성능이 와트의 것에 못 미치는 뉴커먼(Thomas Newcomen, 1663-1729)의 증기기관만 사용되던 무렵이다. 헐스는 배의 뒷부분에 물레바퀴 비슷한 것을 장착하고 뉴커먼식 증기기관을 연결하여 바퀴를 돌림으로써 배를 움직였다고 한다. 헐스의 증기선이 제대로 작동하였는지에 대해서는 정확히 알려지지 않았으나, 성공적이지 못했을 것으로 추정된다.

와트의 증기기관이 나온 이후, 프랑스에서 주프루와 다방 후작(Claude-François-Dorothée, marquis de Jouffroy d'Abbans, 1751-1832)이 1778년에 와트식 증기기관을 장착한 증기선을 만들어 강에서 시험 운항을 하였다. 이 운항은 성공적이지 못했으나, 그는 자신의 증기선을 개량하여 이후 배수량 182

톤의 증기선을 만들 수 있었다. 이 증기선은 비교적 잘 움직였고, 1783년에 리옹 근처의 강을 1시간가량 거슬러 올라가는 시험 운항에도 성공하였다.

그러나 1789년에 프랑스대혁명이 일어난 후 그는 증기선을 실용화하지 못한 채 미국으로 망명을 떠나야 했고, 세인들의 기억에서 멀어진 그는 프랑스로 돌아온 후 불행하게 삶을 마쳤다.

이들보다 좀 더 증기선의 실용화에 다가선 인물로는 미국의 피치(John Fitch, 1743-1798)가 있다. 코네티컷 주 원저 출신인 그는 처음에는 시계공으로 일하면서 산술과 측량학 등을 독학으로 공부하였고, 미국 여러 지방을 떠돌며 모험을 하다가 델라웨어에 정착한 후로는 증기선의 연구에 몰두하였다.

그는 1785년에 증기선의 모형을 만들었고, 2년 후인 1787년에는 증기선 특허를 부여받고 실물 제작과 시험 운항에도 성공하였다. 그의 증기선은 배의 양옆의 앞뒤에 모두 12개의 노를 달고, 증기기관의 힘으로 노를 저어서 배를 움직이는 방식이었다.

피치는 증기선을 더욱 개량하고 1788년에 회사를 설립하여 여러 곳의 증기선 독점운항권을 취득하였다. 1790년부터는 델라웨어 강에 정기항로를 개설하여 필라델피아와 볼티모어 사이를 운항하였는데, 그의 증기선은 시속 12km 속도로 풀턴의 클러먼트호보다도 빠른 수준이었다. 그러나 많지 않던 승객의 운임으로는 연료 비용 등도 충당하지 못하여 증기선의 운항은 큰 적자를 보았고, 피치의 회사는 결국 파산하고 말았다. 피치는 오늘날의 기선처럼 스크루가 달린 증기선을 개발하려고 하였으나, 출자자와 후원자들은 등을 돌리고 말았다.

그는 보다 훌륭한 증기선으로 넓은 바다를 항해하려는 꿈을 버리지 않은 채, 가난 속에서도 연구와 사업 추진을 계속하였으나 뜻대로 되지 않았다. 1793년 그는 프랑스에까지 건너가서 자신을 재정적으로 뒷바침해줄 사람들을 찾으려 했으나 끝내 실패하였다. 미국으로 돌아온 후 1796년에는 세계 최초의 스크루프로펠러 증기선 개발에도 성공했으나, 관심을 보이는 사람은 없었다. 가난과 절망 속에서 신경쇠약에 시달리던 피치는, 결국 수면제를 먹고 자살함으로써 파란만장한 일생을 마쳤다.

STAP 세포를 개발했다고 발표해 세계 과학계를 놀라게 한 오보카타 하루코
ⓒ연합뉴스

일본판 황우석 사건의 비극적 결말

2005년 말부터 이듬해까지 나라 전체를 떠들썩하게 했던 황우석 논문 조작 사건에 대해서는 『진실과 거짓의 과학사』에서 상세히 언급한 바 있다. 체세포 복제 방식의 배아줄기세포(Embryonic stem cell)를 날조했던 이 사건으로, 스타 과학자이자 국민적 영웅 대접을 받던 황우석은 학계에서 퇴출되고 형사재판에서 유죄판결을 받았다.

그러나 음모론 등을 신봉하는 일부 대중은 여전히 황우석이 억울하게 희생되었다고 생각하면서, 그의 배아줄기세포 기술이 의학적으로 중요하게 활용될 수 있었다며 큰 미련을 보이는 경우도 많다. 일명 '만능세포'로 불리는 배아줄기세포는 배아의 발생 과정에서 추출한 미분화 세포로서 모든 조직의 세포로 분화할 수 있으므로, 인체 조직 재생이나 각종 난치병 치료 가능성을 높이며 큰 주목과 기대를 받았던 것은 사실이다.

하지만 단 한 개도 없던 황우석의 배아줄기세포가 무슨 의미가 있었을까 싶을 뿐 아니라, 백 보 천 보를 양보해서 설령 당시에 그가 배아줄기세포를 성공적으로 수립했다 하더라도 실제적 활용은 그리 쉽지 않았을 것이라고 나는 생각한다. 배아줄기세포 하나를 추출하는 데에 여성 난자가 대량으로 필요할 뿐 아니라, 인간 복제로까지 악용되지는 않는다 해도 인간 배아를 사용한다는 자체에 논란의 여지가 있고 숱한 윤리적 제약이 따르기 때문이다.

줄기세포에는 배아줄기세포만 있는 것이 아니고 다른 것들도 있다. 이 중에서 성체줄기세포(Adult stem cell)는 치료할 환자로부터 직접 얻을 수 있기 때문에 윤리적 문제가 적지만, 분리해내기가 쉽지 않고 분화 능력도 배아줄기세포에 비해 크게 제한된다는 한계가 있다.

2006년 이후 성체체세포를 분화 이전의 세포 단계로 되돌려서 줄기세포를 얻는 유도만능줄기세포(Induced pluripotent stem cell)가 개발되어 각광을 받게 되었는데, 이는 특정 유전자를 인위적으로 발현시키는 역분화기술을 활용한 것이다. 2007년에 인간 세포로부터도 생산된 유도만능줄기세포는 윤리적 논란 여지가 많은 배아를 사용할 필요가 없으면서도 우수한 분화력을 보였으므로, 줄기세포 연구에서 중요한 발전으로 여겨졌다. 이러한 유노만능줄기세포의 개발과 응용 연구 업적으로 일본의 야마나카 신야(山中伸弥, 1962-)와 영국의 존 거던(John Bertrand Gurdon, 1933-)은 2012년도 노벨생리의학상을 함께 받게 되었다.

2014년 1월 말, 일본에서 오보카타 하루코(小保方晴子)라는 30세의 젊은 여성 과학자가 '제3의 만능세포'라 불리는 'STAP(Stimulus-Triggered Acquisition of Pluripotency, 자극야기 다능성획득) 세포'를 개발했다고 발표해 세계 과학계를 놀라게 한 적이 있다. 만능세포를 만드는 쥐 실험에 성공했다고 발표한 논문이 저명 과학 저널 《네이처》에도 게재되면서, 그녀는 크게 주목을 받았고 일약 생명과학계의 신데렐라로 부상하였다. 그녀는 당시 일본 이화학연구소에서 연구 주임으로 근무하고 있었다.

오보카타 하루코가 쥐의 실험을 통해 존재를 확인했다고 발표한 자극야기 다능성획득(STAP) 세포란, 약산성 용액에 잠깐 담그는 자극만으로 어떤 세포로도 변할 수 있는 만능세포라고 이야기되었다. STAP 세포는 기존 줄기세포들보다 훨씬 간단하고 효율적으로 만들 수 있을 뿐 아니라, 기존의 생물학 상식을 뛰어넘은 것으로 평가되었으므로 수많은 생물학자로부터 지대한 관심을 받을 수밖에 없었다.

그러나 STAP 세포가 다른 생물학자들의 실험에서 제대로 재현이 되지 않자 날조 등의 의혹이 제기되었고, 이화학연구소(RIKEN)에서도 조사위원회를 설치해 논문 조작 여부를 조사하기에 이르렀다. 조사위에서는 논문에 사용된 사진에 문제가 있었던 점 등을 들어 연구 부정이 있었다고 결론짓고 논문을 자진 철회할 것을 권고했다.

이에 대해 오보카타 하루코는 2014년 4월에 기자회견을 통하여 "결코 논문 조작을 한 적이 없다"고 반박하면서 자신의 결백을 눈물로 호소하였다. 그녀는 STAP 세포를 만드는 데에 200차례 이상 성공했다면서 날조 의혹을 정면 부인하였고, 조사위에 불복 신청을 내었다. 그러나 세포의 만능성에 관한 다른 논문에서도 새로운 의혹이 잇달아 제기되자, 그녀는 결국 부족함을 인정하고 논문 철회에 동의하였다.

황우석 사건을 떠올리게 하는 이 사건은 지난 2014년 상반기에 일본뿐 아니라 전 세계 생물학계를 떠들썩하게 했으나, 그 여파는 논문 철회로 끝나지 않았다. 《네이처》가 STAP 관련 논문을 모두 철회한 후인 2014년 8월 초, 논문의 공동저자이자 오보카타 하루코의 논문 지도를 맡았던 사사이 요시키(笹井芳樹)가 자살을 하는 비극이 일어났던 것이다.

일본 이화학연구소 발생·재생과학연구센터 부소장이었던 그는 책상에 유서를 남겨놓고 연구동 계단 난간에서 목을 맨 채로 발견되었고, 병원으로 옮겨졌으나 사망하고 말았다. 그동안 재생·의료 연구에서 많은 업적을 남겨 주목을 받았던 연구자의 자살에 일본은 다시 한번 충격에 빠졌고, 이화학연구소를 퇴직했던 오보카타 하루코는 와세다대학에서 받았던 박사학위마저 취소당하였다.

표본조작 의혹을 받고 권총 자살한 캄머러

캄머러는 정말 산파 두꺼비 표본을 조작했을까?

일본에서 STAP 세포 조작 사건으로 논문 공동저자가 자살한 사건이 있기 거의 백 년 전인 1926년에, 유럽에서도 표본 조작 의혹을 받던 과학자가 자살로 삶을 마감했던 일이 있었다. 그 당사자는 오스트리아의 생물학자 파울 캄머러(Paul Kammerer, 1880-1926)이다.

다윈(Charles Robert Darwin, 1809-1882)의 자연선택설이 오늘날 생물학계에서 널리 인정되는 진화론이지만, 옛날에는 라마르크(Jean Baptiste Lamarck, 1744-1829)의 용불용설 역시 만만치 않았다.

용불용설과 자연선택설의 가장 큰 차이는 '획득형질의 유전' 여부이다. 예를 들어 "기린의 목은 왜 길까?"를 설명할 경우, 라마르크의 용불용설에서는 "기린은 높은 나무의 잎을 먹으려고 자꾸만 목을 길게 뽑았으므로 목이 길어졌을 것이다"라고 설명한다. 반면에 다윈의 자연선택설에서는 "기린의 목이 저절로 길어진 것이 아니라, 치열한 생존경쟁의 과정에서 목이 짧은 기린들은 자연의 선택을 받지 못하고 도태된 반면, 목이 긴 기린들은 살아남아 세대를 거듭하면서 지금처럼 진화한 것이다"라고 설명한다.

이후 유전학의 발전 등에 따라 용불용설은 받아들여지지 않았으므로 라마르크의 학설은 퇴조하였다. 그러나 자연선택설도 모든 것을 완벽하게 설명한다고 보기는 어려운 점이 있었으므로, 20세기 초반 무렵까지만 해도 라마르크의 이론대로 획득형질도 유전될 수 있다고 주장하는 생물학자들이 적지 않았다. 심지어 21세기 이후에도 이른바 후성유전학이 발전하면서, 라마르크의 진화론이 재조명되어 다시 논쟁이 이어지고 있다.

파울 캄머러도 라마르크의 학설을 신봉했던 사람이다. 오스트리아 빈에서 태어난 그는 빈대학을 졸업한 후 주로 양서류와 파충류를 연구했는데, 이 종류의 동물들을 사육하고 관찰하는 데에 특별한 재능이 있었다고 한다.

그는 두 종류의 유럽산 불도마뱀을 표본으로 삼아 실험하여, 서로 다른 환경에서 사육함으로써 그들의 형질을 다르게 만드는 데에 성공했다고 주장했다. 즉 얼룩 불도마뱀을 검은 흙에서 사육하면 노란 반점이 점점 없어져서 도마뱀의 몸이 거무칙칙하게 되고, 반대로 노란 흙에서 사육하면 노란 반점이 점점 커져서 도마뱀의 몸 색깔이 전체적으로 노랗게 된다는 것을 밝혔는데, 그는 이것을 라마르크의 이론에 유리한 것이라고 해석했다. 그가 더욱 강력하게 라마르크의 용불용설을 주장하게 된 것은 이른바 '두꺼비의 혼인혹'에 관한 실험인데, 이는 이후에 숱한 논란과 표본 조작 의혹을 낳게 되었다.

양서류, 즉 물뭍동물인 개구리는 대부분 물속에서 교미를 하기 때문에, 교미할 시기가 되면 그에 적합하도록 개구리의 몸에 변화가 일어나게 된다. 즉 암컷 개구리를 붙잡기 편리하도록 수컷 개구리의 앞발 끝에 검고 뿔 같은 모양의 융기가 생겨나게 되는데, 이를 '혼인혹'이라고 부른다.

그러나 개구리 종류, 즉 양서류 중에서도 두꺼비 등은

이와 다르다. 물속이 아닌 땅 위에서 교미하는 두꺼비와 같은 동물은 굳이 혼인혹 같은 것으로 암컷을 붙잡을 필요가 없기 때문에, 교미할 때가 되어도 이런 것이 만들어지지 않는다.

캄머러는 작은 동물의 사육에 관한 뛰어난 재능을 발휘해서 두꺼비와 유사한 동물을 물속에서 사육했고, 그렇게 하면 그 동물에게도 혼인혹이 생겨날 것이라고 믿었다. 그가 실험에 사용한 양서류 동물은 이른바 산파 두꺼비(Midwife toad) 또는 산파 개구리라 불리는 동물로서, 생김새는 두꺼비와 비슷하지만 동물분류 계통상 두꺼비과가 아닌 무당개구리과에 속한다. 수컷이 뒷다리에 알을 달고 다니며 보호하기 때문에 그런 이름이 붙었으며, 두꺼비처럼 육지에서 교미하는 동물이다.

1919년 캄머러는 자신의 실험 결과로 한 마리의 산파 두꺼비 수컷에게도 혼인혹이 만들어졌고 심지어 그것이 유전된다고 학계에 보고했다. 용불용설에 호의적인 생물학자들은 이것이 라마르크의 이론을 확증하는 명백한 증거라고 주장해, 세계 생물학계는 큰 논란에 휩싸이게 되었다. 특히 구소련의 생물학자들은 자신들의 '철학적 입장'에 근거하여 획득형질의 유전을 믿는 경우가 많았는데, 당연히 캄머러의 주장을 강력히 지지했다. 구소련의 파블로프(Ivan Petrovich Pavlov, 1849-1936) 연구소에서는 캄머러에게 교수직을 제의할 정도였다.

1926년 생물학자들은 별도의 위원회를 조직해 캄머러가 사육했다는 산파 두꺼비 표본을 조사했는데, 몇 주간의 정밀한 조사 끝에 나온 결론은 캄머러의 실험 결과가 엉터리였을 뿐만 아니라 의도적으로 조작되었다는 것이었다. 일반적으로 개구리의 혼인혹은 가시 모양의 돌기가 있어야 하는데 캄머러의 산파 두꺼비는 그런 모양이 아니었고, 거무스름한 빛깔은 인위적으로 잉크를 주입한 결과라는 것이었다.

이 보고서가 발표된 지 얼마 후인 1926년 9월 23일, 캄머러는 오스트리아의 어느 산속에서 머리에 권총을 쏘아 자살한 채로 발견되었다. 캄머러가 공명심에 눈이 먼 나머지 학자적 양심마저 내팽개친 채 스스로 두꺼비 표본을 조작했는지, 아니면 다른 사람의 조작에 속았는지는 확실하지 않다.

캄머러의 비극적인 죽음은 오랫동안 표본 위조 혐의를

받은 생물학자가 불명예를 뒤집어쓰고 자살한 사건으로 알려져왔다. 그러나 근래에 이 사건을 재조명하는 서적과 다큐멘터리 등이 나오면서, 여러 가지로 다시금 논란이 되고 있다.

먼저 두꺼비 표본에 잉크를 넣는 식으로 조작하여 장기간 혼인혹처럼 보이게 하기는 쉽지 않으며, 캄머러나 그의 조수가 조작한 것이 아니라 도리어 반대파에서 그를 모함하기 위해 일을 꾸몄다는 음모론적 해석 등이 있다. 심지어 캄머러가 권총으로 자살을 한 것이 아니라 타살당했을 가능성이 크다는 주장도 있다.

최근에 발전한 후성유전학에서는 DNA 염기서열이 바뀌지 않고도 유전자의 기능이 변화하고 유전되는 현상을 연구한다. 이에 따라 캄머러가 실험을 통해 보여준 산파 두꺼비의 혼인혹은 조작이 아닌 실제로 생긴 것으로서, 이는 획득형질의 유전을 뒷받침한 후성유전학의 선구적 연구 결과였다고 주장하는 생물학자도 있다.

이처럼 후성유전학이 라마르크 이론의 부활로 여겨지며 다시 논란이 되고 있는데, 너무 비약되었거나 오해되는 부분도 있는 듯하다. 즉 후성유전학적 현상들이 최근 많이 입증된다고 해도, 이는 유전자가 발현되는 과정에서 조절인자의 변형 등으로 다양성이 나타나는 정도이지, 획득형질에 의해 유전자의 본체인 DNA 염기서열 자체에 변화가 생기는 것은 아니다.

더구나 라마르크나 다윈의 시대에는 유전자의 존재는커녕 멘델(Gregor Johann Mendel, 1822-1884)의 유전법칙 자체도 알려지지 않았을 무렵이다. 따라서 후성유전학 역시 획득형질이 유전된다는 라마르크의 이론보다는, 환경이 변이에 영향을 끼친다고 본 다윈의 진화이론 체계 내에서 설명하는 것이 타당하다고 보기도 한다.

(3부)

과학자의 가족들

몽골피에 형제의 열기구
ⓒ Anonyme, graveur

기구를 발명한 형제 과학기술자

SF영화로는 드물게 국내에서 천만 이상 관객을 동원했던 〈인터스텔라(Interstellar)〉는 크리스토퍼 놀란(Christopher Nolan, 1970-) 감독의 동생인 조나단 놀란(Jonathan Nolan, 1976-)이 각본을 쓰기 위하여 몇 년간 상대성이론 강의를 들었다고 해서 화제가 된 적이 있다. 과학기술계에서도 형제나 자매가 함께 일하여 좋은 업적을 남긴 경우가 적지 않다.

형제 발명가 하면 으레 비행기를 발명한 라이트(Wright) 형제가 먼저 떠오를 것이다. 동력 비행기는 아니지만 실제로 인간을 태우고 하늘을 나는 것이 18세기 말경에 가능해졌는데, 몽골피에(Mongolfier) 형제의 열기구(熱氣球)가 선을 보였다. 열기구는 오늘날에도 관광, 레저스포츠 등의 용도로 쓰이고 있다. 공교롭게도 비행과 관련된 발명에 형제 발명가가 여럿 있는데, 라이트 형제 외에도 글라이더의 발명자 릴리엔탈(Otto Lilienthal, 1848-1896) 역시 형제가 함께 노력한 것으로 알려져 있다.

프랑스 리옹 근처 마을의 제지업자 몽골피에 집의 조세프(Joseph Michel Mongolfier, 1740-1810)와 자크(Jacques Étienne Mongolfier, 1745-1799) 형제는 종이봉투에 불을 쬐면 하늘로 날아오르는 데에 착안하여 열기구 개발에 착수하였다. 그들은 1783년 6월, 종이와 베로 거대한 기구를 만든 후 화롯불로 뜨거운 연기를 주입하여 하늘로 띄우는 데에 성공하였다. 그 기구는 1,000m 이상 상공까지 올라갔다가 출발지점에서 몇 킬로미터 떨어진 인근 마을에 떨어졌는데, 이것을 본 마을 사람들은 "하늘에서 웬 괴물이 내려왔다"고 크게 놀라서 괭이, 낫, 장대 등을 들고 덤벼들었다고 한다.

프랑스 과학아카데미의 후원을 받으며 열기구 연구를 계속하던 몽골피에 형제는 국왕 루이 16세(Louis XVI, 1754-1793)를 비롯한 수많은 구경꾼이 지켜보는 가운데 기구에

염소, 닭, 오리 등의 가축을 태우고 하늘로 날리는 실험을 성공적으로 마쳤고, 드디어 유인 비행도 시도하기에 이르렀다. 1783년 11월, 과학자 드 로제(Jean-François Pilâtre de Rozier, 1754-1785)와 아를란드(François Laurent d'Arlandes, 1742-1809) 후작이, 기구에 밧줄을 묶지 않고 기구 안에서 짚을 태워 유지하는 부력으로 하늘을 나는 '세계 최초의 유인비행'에 무사히 성공하였다.

한편 그 무렵 프랑스의 물리학자 자크 샤를(Jacques Alexandre César Charles, 1746-1823)은 몽골피에 형제와는 다른 방법으로 기구의 개발을 추진하였는데, 열기구 대신에 가벼운 수소를 기구에 주입하는 방식이었다. '과학자'라기보다는 오랜 경험과 장인적 노력으로 열기구를 개발했던 몽골피에 형제와는 달리, 샤를은 기체의 성질에 관해 연구해서 '보일-샤를의 법칙'을 세웠을 만큼 뛰어난 물리학자였다. 따라서 공기보다 가벼운 수소의 특성을 이용하여 기구를 만드는 것이 더 효율적이라고 생각하였던 것이다.

1783년 12월 수십 만의 파리 시민이 지켜보는 가운데 샤를은 자신이 직접 수소기구를 타고 하늘 높이 올랐다가 무사히 내려옴으로써, 그의 수소기구도 큰 성공을 거두게 되었다.

그 후 비행의 주도권을 두고서 열기구와 수소기구의 치열한 경쟁이 계속되었다. 수소기구는 수소를 만드는 데에 비용이 많이 들고 제작 과정도 쉽지 않다는 단점이 있었으나, 소형으로 만들 수 있고 안정성과 조종성도 뛰어나다는 장점이 있었다. 샤를 자신도 수소기구의 연구, 제작에 많이 기여하였고 공업의 발전에 따라 비용도 절감되어, 차츰 열기구에 비하여 수소기구가 우위를 차지하게 되었다.

더욱 결정적인 계기가 된 것은 수소기구를 이용한 도버 해협의 횡단비행이었다. 1785년 1월 프랑스의 발명가이자 기구 비행사였던 블랑샤르(Jean-Pierre Blanchard, 1753-1809)는 미국의 의사이자 과학자였던 제프리스(John Jeffries, 1744-1819)와 함께 샤를의 수소기구를 타고 영국을 출발한 후, 도버 해협을 횡단하여 프랑스의 한 마을로 내려오는 데에 성공하였다. 비행 도중 부력이 약해져서 기구가 자꾸 하강하는 바람에 실었던 짐을 모조리 내던지는 등, 두 사람은 톡톡히 곤욕을 치른 것으로 전해졌으나 아무튼 인명피해 없이 횡단비행을 마친 것이었다.

이후 몽골피에 형제도 자신들의 기구로 도버 해협을 횡

단할 계획을 세웠다. 기존의 열기구만으로는 횡단비행이 불가능할 것이라고 판단한 이들은, 샤를의 수소기구에 열기구를 결합하여 만든 복합형 기구를 제작하였다. 비행사는 최초의 유인비행을 성공시킨 드 로제를 포함한 두 사람이었는데, 1785년 6월 지인들의 만류에도 불구하고 프랑스를 출발하여 영국으로 가기 위하여 기구에 올랐다. 그러나 출발 후 얼마 지나지 않아 기구에 불이 붙어 폭발하는 바람에 프랑스 해안가에서 추락하여 즉사하고 말았다. 이는 인류 최초의 항공사고로 기록되어 있다.

피뢰침의 발명자로 유명한 미국의 과학자 겸 정치가 벤저민 프랭클린(Benjamin Franklin, 1706~1790)은 당시의 기구 실험들을 관찰한 후, 장래에 이들이 전쟁에 이용될 것이라고 「프랭클린의 편지」에서 예언한 바 있었다. 사실 1793년부터 프랑스 육군은 정찰용 기구를 만들어서 실전에서 사용하였고 미국의 남북전쟁 때도 기구가 이용된 바 있다. 더구나 오늘날 탁월한 성능과 가공할 위력을 자랑하는 각종 전투기들을 '기구의 손자뻘'이라 본다면, 프랭클린의 예리한 분석과 예언이 정확했다고 할 수 있을 것이다.

천체관측 작업을 함께 허셜 남매

천왕성을 발견한 남매 명콤비

라이트 형제, 몽골피에 형제 외에도 플라스틱의 원조인 셀룰로이드를 처음 발명한 하이야트(Hyatt) 형제가 명콤비의 형제 과학기술자이다. 이들에 비해 남매가 함께 연구해서 업적을 이룬 경우는 상당히 드물지만, 이에 해당하는 인물로 천왕성을 처음 발견한 독일 태생의 영국 천문학자 윌리엄 허셜(Friedrich William Herschel, 1738-1822)과 그의 누이동생 캐롤라인 허셜(Caroline Lucretia Herschel, 1750-1848)이 있다.

윌리엄 허셜은 음악가이면서 천문학에 관심이 많았던 아버지의 뒤를 이어, 낮에는 오르간 연주, 작곡, 음악 교습 등 음악가로서 바쁜 일정을 보내면서 밤에는 망원경으로 별을 관찰하는 일에 열심이었다. 여동생 캐롤라인은 그의 옆에서 오빠가 별을 관찰하는 것을 항상 지켜보았다고 한다.

그러나 당시에는 망원경의 성능이 그다지 좋지 않아서 천체 관측에 많은 한계가 있었고, 윌리엄은 스스로 반사망원경이라는 새로운 형태의 천체망원경 제작을 시도하였다. 반사경의 제작에는 많은 수학적 계산이 필요하였기 때문에, 캐롤라인은 오빠를 돕기 위해 수학 공부를 하였다. 윌리엄이 반사경을 연마하느라 16시간 동안이나 먹지도 마시지도 않고 일에 몰두했기 때문에, 캐롤라인이 그의 입에 음식물을 넣어주기도 했다고 한다.

온갖 어려움 끝에 반사망원경을 제작한 윌리엄 허셜은 1781년 어느 날 밤, 자신의 망원경으로 천체를 관측하던 중 쌍둥이자리 근처에서 그전까지는 볼 수 없던 새로운 별을 하나 발견하였다. 천문학에 상당한 흥미를 지녔던 당시 영국 왕 조지3세(George III, 1738-1820)의 이름을 따서 '조지의 별(Georgian Star)'이라고 이름을 붙인 후 왕립학회에도 보고하였는데, 이 별이 바로 태양계의 7번째 행성인 천왕성이다.

천왕성은 6개의 다른 행성보다 훨씬 멀리 있으므로, 육안이나 그전의 망원경으로는 관찰이 안 되었던 것이다. 그리스시대부터 알려져온 수성, 금성, 화성, 목성, 토성, 그리고 지구로 구성된 6개 태양계 행성 외에 또 다른 행성이 있다는 사실은 천문학계에 대단한 충격이었고, 천왕성의 발견으로 태양계의 넓이는 대번에 2배로 늘어나게 되었다.

천왕성의 발견을 계기로, 영국왕실 전속의 천문학자가 된 윌리엄 허셜은 더욱 큰 반사망원경을 제작하는 한편, 태양계 바깥으로 눈을 돌려서 항성 및 은하계의 관측과 연구에 몰두하였다. 수많은 항성을 관측하고 여러 수치를 계산하는 데에는 더욱 많은 시간과 노력이 필요하였으므로, 윌리엄은 관측을 전담하였고 그 옆에서 관측값을 기록, 계산하는 것은 온전히 캐롤라인의 몫이었다. 별들을 관측하기에 최적인 맑게 갠 추운 날 밤, 잉크가 얼어붙어서 캐롤라인은 자신의 체온으로 잉크병을 녹여가면서 기록을 계속해냈다고 한다.

이렇게 하여 허셜 남매는 2,500개의 성운과 850개 정도의 이중성을 관측하여 다수의 성운, 성단, 이중성 등을 새로 발견하였고, 은하계와 우주의 구조를 대략적으로 밝혀낼 수 있었다. 오늘날의 관점에서 볼 때는 부족한 점도 적지 않으나 당시로서는 대단한 업적이라 볼 수 있다.

윌리엄 허셜은 만년에 왕실 천문학회장에 추대되기도 하였으나 1822년에 병을 얻어서 세상을 떠났고, 여동생 캐롤라인은 그의 관측 기록을 정리하여 6년 후인 1828년에 도표로 만들어서 세상에 발표하였다. 오빠가 죽은 후에도 캐롤라인은 그의 조수 겸 협력자의 역할을 훌륭하게 수행하였던 것이다. 또한 자신 스스로도 8개의 혜성과 몇 개의 성운, 성단 등을 발견하기도 하였다.

천왕성의 발견은 또한 서양의 천문학이 동양의 천문학을 압도하게 되는 결정적 계기가 되기도 하였는데, 행성의 이름들을 곰곰이 살펴보면 무엇을 의미하는지 알 수 있을 것이다. 즉 수성에서 토성까지는 수성(水星-Mercury), 금성(金星-Venus) 등 동양식 이름과 서양식 이름 사이에 직접적인 관련이 없다.

그러나 영어로 유러너스(Uranus)인 천왕성(天王星)은 그리스 로마 신화에서 하늘의 신과 같은 뜻이고, 해왕성(海王星-Neptune), 명왕성(冥王星-Pluto)도 마찬가지로 동양과 서양의 이름이 같은 의미이다. 이는 곧 동양에서도 오래전부터 5개의 행성은 잘 알고 있었으나 육안으로 보이지 않는 천왕성부터는 발견할 도리가 없었으므로, 서양의 천문학이 들어온 후 그대로 서양식 이름을 따서 명명했음을 짐작할 수 있다. 이는 곧 망원경의 발명 등에 기반한 근대 서양과학의 발전 및 동양과학에 대한 승리의 한 단면을 보여주는 것이 아닌가 생각되기도 한다.

허셜의 천왕성 발견 이후 태양계의 나머지 행성이던 해왕성은 1846년 독일의 천문학자 갈레(Johann Gottfried Galle, 1812-1910)에 의하여 발견되었고, 명왕성은 1930년 미국 로웰(Percival Lowell, 1855-1916) 천문대에서 일하던 톰보(Clyde William Tombaugh, 1906-1997)에 의해 발견되어 태양계의 구조가 더욱 잘 밝혀지게 되었다. 그러나 톰보가 사망한 후인 2006년 국제천문연맹(IAU)은 행성분류법을 바꿔서, 명왕성을 행성이 아닌 왜소행성(Dwarf planet)으로 강등시킴으로써 태양계의 행성은 다시 8개로 줄어들게 되었다.

노벨물리학상을 함께 받은 브래그 부자의 흉상과 기념명판

대를 이은 과학자들

근래 우리 사회에서 유행했던 용어 중 하나가 이른바 '금수저'이다. 부모로부터 상당한 재력을 물려받은 이들을 뜻하는 말인데, 여러 분야에서 금수저 관련 논쟁이 자주 되풀이되면서 부정적 의미로 사용되는 경우가 대부분이다.

과학기술계에서도 대를 이어서 업적을 낸 이들이 적지 않다. 물론 부모인 저명 과학기술자의 후광에 힘입은 경우도 있겠지만, 재능을 물려받는 데에 그치지 않고 과학을 대하는 태도와 탐구정신 등을 어릴 적부터 익힌 결과라면 그리 나쁘게 볼 일은 아닐 듯하다.

기술자로서 대를 이어서 큰 업적을 낸 인물로서, 증기기관차의 아버지 조지 스티븐슨(George Stephenson, 1781-1846)과 그의 아들 로버트 스티븐슨(Robert Stephenson, 1803-1859)을 들 수 있다. 그보다 앞서 증기기관차를 발명한 선구자들이 여럿 있었음에도 불구하고 스티븐슨이 유명해진 것은, 그가 증기기관차를 실용적으로 널리 보급시키는 데에 성공했기 때문임은 앞서 언급한 바 있다. 아버지와 함께 철도 가설사업에 일생을 걸고 매진한 로버트 스티븐슨은 특히 철도용 교량 건설에서 탁월한 능력을 발휘했다고 한다.

'노벨상의 창시자'이자 다이너마이트와 무연화약의 발명으로 유럽 최고의 갑부가 되었던 알프레드 노벨(Alfred Bernhard Nobel, 1833-1896) 역시 가문의 대를 이은 과학기술자이다. 그의 아버지 임마누엘 노벨(Immanuel Nobel, 1801-1872)은 기술자이자 발명가로서 일찍부터 화약제조사업에 종사하였고, 몇 차례 파산의 어려움을 겪기도 했지만 흑색화약으로 기뢰 등을 생산하였다.

알프레드 노벨은 어릴 적부터 아버지의 화약공장 일을 도왔고, 그가 안전한 폭약인 다이너마이트를 발명하게 된 것도 아버지의 공장이 신종 액체화약 니트로글리세린으로 몇 차례 폭발사고를 당하는 등 여러 위험한 일들을 겪었던 것이 계기가 되었다.

천왕성을 처음 발견한 독일 태생의 영국 천문학자 윌리엄 허셜(William Friedrich Herschel, 1738-1822)과 그의 누이동생 캐롤라인 허셜(Caroline Lucretia Herschel, 1750-1848)이 눈물겹도록 협력하고 헌신해서 업적을 낸 것 역시 앞서 설명한 바 있다. '남매 명콤비'의 과학자에 그치지 않고, 윌리엄의 아들 존 프레더릭 허셜(John Frederick William Herschel, 1792-1871) 역시 탁월한 천문학자가 되었으니 대를 이어 가문의 명예를 떨친 셈이다.

존 프레더릭 허셜은 아버지의 유업을 계승하여 항성천문학을 더욱 발전시켰고, 광도계를 사용하여 1등성의 밝기가 6등성의 100배라는 사실을 밝혀냈으며, 5,000개 이상의 천체를 수록한 「성운, 성단 총목록」을 발표하는 등 아버지 못지않은 업적을 남겼다.

과학자 가문으로 매우 유명한 사례로서, 스위스의 베르누이(Bernoulli) 가문을 들 수 있다. 이들 가문은 100년 이상에 걸쳐서 대대로 다수의 탁월한 수학자와 과학자들을 배출한 것으로 잘 알려져 있다. '베르누이 정리'는 유체역학에서 매우 중요한 원리인데, 이를 발견한 것은 수학자이자 이론물리학자였던 다니엘 베르누이(Daniel Bernoulli, 1700-1782)이다.

그의 아버지 요한 베르누이(Johann Bernoulli, 1667-1748)는 해석학에서 여러 업적을 남겼고 역학에서 가상변위의 원리를 정립하였다. 그는 뛰어난 아들뿐 아니라 세기적 수학자였던 오일러(Leonhard Euler, 1707-1783)를 제자로 두었다. 요한 베르누이의 형 자코브 베르누이(Jakob Bernoulli, 1654-1705)는 동생과 함께 해석학을 연구하였고, 급수와 확률론 등에서도 업적을 남겼다.

대를 이어 업적을 낸 과학기술자들 중에 노벨상 또한 부모에 이어 자식이 대를 이어서 받은 경우가 적지 않다. 과학 분야에서 스승과 제자가 함께 또는 번갈아서 노벨상을 수상하는 경우는 너무 많아서 일일이 다 사례를 들기도 어려울 정도인데, 부자(父子)간, 모녀간에도 같은 일이 벌어지곤 하는 것이다.

아버지와 아들이 다 노벨 과학상을 수상한 첫 사례로는 전자의 발견자 톰슨(Joseph John Thomson, 1856-1940)과 그의 아들을 들 수 있다. 톰슨은 전자를 발견하여 원자의 구조를 밝혀내는 데에 중요한 전기를 마련하였을 뿐 아니라, 네온의 동위원소를 발견한 공로 등으로 1906년도 노벨물리학상을 수상하였다. 그의 아들인 조지 톰슨(George Paget Thomson, 1892-1975)은 전자의 파동성, 즉 얇은 막에 의한 전자 빔의 회절현상을 발견하여 드브로이(Louis Victor de Broglie, 1892-1987)의 물질파 이론을 확증한 공로로 1937년도 노벨물리학상을 수상하였다.

2006년도 노벨화학상 수상자 로저 콘버그(Roger David Kornberg, 1947-) 역시 부자가 다 노벨상을 받았다. 그는 유전자 발현 경로의 첫 단계인 유전정보 전사를 분자 수준에서 규명하여 노벨화학상을 수상하였는데, 그의 아버지 아서 콘버그(Arthur Kornberg, 1918-2007)는 세포가 분열할 때 DNA가 복제되는 과정을 규명한 공로로 1959년도 노벨생리의학상을 받은 바 있다.

멸종한 인류 조상의 유전체와 인간의 진화에 관한 연구로 2022년도 노벨생리의학상을 수상한 스웨덴의 유전학자 스반테 페보(Svante Pääbo, 1955-) 역시 아버지의 대를 이어 노벨상을 수상했다. 그의 아버지는 호르몬 등에 관한 연구로 1982년도 노벨생리의학상을 받은 생화학자 수네 베리스트

룀(Sune Bergström, 1916-2004)인데, 다만 그는 페보의 어머니와 정식으로 결혼한 사이는 아니었다. 즉 페보는 혼외자인 셈이어서 어머니의 성을 물려받았다고 한다.

노벨상을 아버지가 먼저, 아들이 훗날 받은 경우가 아니라, 아예 부자가 같은 해에 노벨 과학상을 동시에 수상한 경우도 있다. X선에 의한 결정 구조의 해석으로 1915년도 노벨물리학상을 받은 윌리엄 헨리 브래그(William Henry Bragg, 1862-1942)와 그의 아들 윌리엄 로렌스 브래그(William Lawrence Bragg, 1890-1971)가 그렇다.

브래그 부자는 X선 회절에 관한 이른바 브래그의 식을 함께 유도하고 X선 분광기를 고안한 공로로 노벨물리학상을 공동으로 받았는데, 아들인 로렌스 브래그는 당시 나이 25세로 과학 분야 노벨상 수상자로는 역대 최연소 기록을 세웠다.

부자지간은 아니지만, 대를 이은 노벨상 수상자로 유명한 또 하나의 사례가 바로 퀴리 모녀이다. 퀴리 부인이라 불리는 마리 퀴리(Marie Curie, 1867-1934)는 방사선에 대한 연구 및 폴로늄과 라듐의 발견으로 1903년도 노벨물리학상을 스승인 베크렐(Antoine Henri Becquerel, 1852-1908), 남편인 피에르 퀴리(Pierre Curie, 1859-1906)와 함께 받았고, 남편이 죽은 후 1911년도 노벨화학상을 단독으로 수상한 바 있다.

마리 퀴리의 큰딸인 이렌 퀴리(Irène Joliot-Curie, 1897-1956)는 인공 방사성 원소의 존재를 확인한 공로로 1935년도 노벨화학상을 남편인 프레데리크 졸리오(Jean Frédéric Joliot-Curie, 1900-1958)와 공동으로 수상하였다. 퀴리 집안에서는 2대에 걸쳐서 세 차례의 과학 분야 노벨상을 받았으니, 역시 대단한 과학자 가문인 셈이다.

밀레바와 아인슈타인

과학자의 아내들

역사상 유명 과학자의 아내들이 일률적으로 어떠한 사람들이었다고 단언하기는 매우 힘들 것이다. 예로부터 과학자들의 신분이나 지위 등이 여러 부류로 나누었듯이, 저명 과학자의 아내들 또한 평범한 주부에서부터 뛰어난 과학자에 이르기까지 상당히 다양하다.

과학자의 아내이면서 자신 또한 유능한 과학자였던 경우로는 너무도 유명한 퀴리 부인, 즉 마리 퀴리(Marie Curie, 1867-1934)와 그의 큰딸 이렌 퀴리(Irène Joliot-Curie, 1897-1956)를 들 수 있을 것이다. 이들은 단순히 과학자였던 남편의 조력자에 머물지 않고, 대등한 위치에서 연구에 몰두하여 훌륭한 업적들을 남겼다.

그러나 이들도 남편의 도움과 배려가 없었더라면 탁월한 과학자로 성장하기는 매우 힘들었을 것이다. 역사상 귀감이 될 만한 과학자 부부는 예외적이라고 할 정도로 지극히 드물다. 남편 못지않게 과학에 재능이 있던 수많은 여성이 제대로 뜻을 펴지 못한 채 남편의 뒷바라지에 파묻히거나, 기껏해야 조력자 정도의 위치에 머물렀던 경우가 대부분이다.

퀴리 모녀와는 달리 '나쁜 남편'을 만난 탓에 제대로 인정받지 못했던 대표적인 여성 과학자를 꼽자면, 아인슈타인(Albert Einstein, 1879~1955)의 첫 번째 부인인 밀레바 마리치(Mileva Maric, 1875~1948)를 들 수 있을 것이다.

1875년 세르비아에서 태어난 밀레바 마리치는 어릴 적부터 다방면에 재능을 보였고, 1896년에 스위스로 유학을 와서 취리히의 연방공과대학에 입학하였다. 그녀는 이 학교에서 아인슈타인을 만나 절친한 학문적 동료로 지내며 사랑에 빠지게 되었다. 아인슈타인의 부모는 아들이 한쪽 다리가 불편한 네 살 연상의 여인과 결혼하는 것을 반대하였고, 밀레바의 집안 역시 아인슈타인을 사윗감으로 탐탁지 않게 여겼다. 그러나 두 사람은 양가 집안의 반대에도 불구하고 1903년에 결혼을 하였다. 밀레바는 결혼 전에 사생아를 잉태하는 바람에 결국 학업을 중단해야만 했는데, 이때 태어난 딸아이는 사망했다거나 입양되었다는 등 여전히 행방이 묘연하다.

무명의 특허청 하급 관리였던 아인슈타인이 상대성이론 등으로 일약 물리학계의 세계적 슈퍼스타로 떠오른 데에는, 그녀의 수학적인 뒷받침과 도움이 상당한 힘이 되었던 것으로 알려져 있다. 아인슈타인은 결혼 전에 연애편지에서도 자신의 상대성이론을 언급하면서 밀레바와 의견을 주고받았다고 한다. 아인슈타인은 자신의 업적이 천재적인 영감을 준 밀레바 덕분이며, 그녀가 없었더라면 시작도 못했을 것이라고까지 말한 바 있다.

그러나 아인슈타인은 자신의 주요 논문들을 부부공동명의로 발표하지 않았기 때문에, 밀레바는 자신의 능력과 업적을 인정받을 기회가 없었다. 더구나 심신이 병약한 둘째 아들이 태어난 후로 남편의 연구에 별로 힘이 되지 못했던 그녀는 아인슈타인과 잦은 불화 끝에 1919년에 이혼

했고, 차츰 세인의 기억으로부터 잊힌 채 1948년에 쓸쓸히 세상을 떠났다. 아인슈타인이 1921년에 노벨물리학상을 받았을 때, 상금은 두 아들의 양육비 및 이혼 위자료 명목으로 밀레바에게 건네졌다고 한다. 밀레바의 불행한 삶을 세르비아 출신의 여성 작가가 저술한 책으로서 『아인슈타인의 그림자』가 있는데, 국내에도 번역본이 나온 바 있다.

탁월한 능력에도 불구하고 '과학자의 아내' 지위에 머물러야 했던 또 하나의 여성 과학자로는 독일의 천문학자 마리아 빙켈만(Maria Margaretha Winkelmann, 1670-1720)이 있다. 17세기 무렵 독일의 천문학계에는 상당수의 여성 천문학자들이 있었던 것으로 알려져 있다. 당시에는 대학과 개별 천문대를 중심으로 천문학의 진전이 이루어졌으나, 여성 천문학자들이 공식적인 학교 교육을 받을 기회는 없었다.

빙켈만은 어려서부터 아버지와 삼촌, 이웃의 천문학자에게 천체관측 훈련을 받았으나, 여성이었기 때문에 대학에 갈 수가 없었다. 그러한 상황에서 그녀는 어릴 적부터 지녀왔던 천문학자로서의 꿈을 성취하기 위하여, 무려 30년 연상인 천문학자 고트프리트 키르히(Gottfried Kirch, 1639-1710)와 결혼하여 그의 조수가 되는 길을 택하였다.

남편을 도와 천체관측에 몰두하던 그녀는 1702년 새로운 혜성을 발견하였으나, 발견자는 그녀가 아닌 남편의 이름으로 보고되었다. 그리고 1710년 남편이 죽은 후, 그녀는 남편의 뒤를 이어 베를린 아카데미의 보조 천문학자로라도 일할 수 있게 해달라고 청원했으나 거절당하였다. 당시 베를린 아카데미의 주요 수입원 중 하나가 달력을 만드는 일이었고, 달력 제작에 관한 그녀의 탁월한 능력은 잘 알려져 있었으나 아카데미는 끝내 여성 천문학자에게 문호를 개방하지 않았다.

그녀는 후에 아들이 베를린 아카데미에서 천문학자로 일하게 되자 다시 아들의 조수로서 천문학에 종사할 수 있는 기회를 얻었으나, 아카데미 회원들의 노골적인 적대감과 냉대로 인하여 결국 천문대를 떠나야 했다. 빙켈만 역시 많은 다른 여성 과학자들과 마찬가지로 능력을 제대로 꽃피워보지 못한 채, 두터운 시대적 장벽에 막혀서 역사의 뒤안길로 사라져갔던 것이다.

과학자의 아내들 중에서 그나마 인정을 받는 인물들은 '남편의 훌륭한 조력자'로서 평가를 받는 경우가 많다. 그중에서도 프랑스의 화학자 라부아지에(Antoine Laurent de

Lavoisier, 1743-1794)의 아내 폴즈(Marie Anne Paulze, 1758-1836)가 대표적이다.

1758년에 프랑스에서 부유한 세금징수인조합 간부의 딸로 태어난 폴즈는 불과 13세의 어린 나이로 28세의 라부아지에와 결혼하였다. 역시 부유한 법조인 집안 출신이던 라부아지에는 변호사이자 화학자로서 활동하고 있었는데, 둘의 결혼생활은 무척 행복했던 것으로 보인다. 라부아지에가 훗날 프랑스대혁명 과정에서 단두대에 올라 처형된 원인을 제공했던, 세금징수관이라는 직업을 갖게 된 것도 장인의 영향이 컸을 것이다.

폴즈는 단순히 남편의 일상적 뒷바라지를 잘하는 아내로 머물지 않고, 라부아지에의 연구를 열심히 돕는 조력자이자 비서로서의 역할을 훌륭히 수행하였다. 당시 라부아지에는 외국어를 그다지 잘하지 못했기 때문에 폴즈가 영어와 라틴어로 된 외국 과학자들의 논문을 번역해주었고, 라부아지에의 중요한 실험에도 깊숙이 관여하여 모든 실험 결과들을 상세히 기록하기도 하였다. 또한 라부아지에가 체포되어 처형된 후에도 남편이 감옥에서 썼던 미완성 원고를 편집하여 책으로 발간하였다.

폴즈의 내조에는 또 하나의 중요한 역할이 있었는데, 바로 다른 과학자들과 모여서 토론하고 의견을 교환할 수 있는 장을 마련해준 것이었다. 그녀는 당시 파리 과학아카데미의 정기적인 공식 모임이 끝난 후, '뒤풀이'를 위해 파리 무기고 내의 거처에서 여러 과학자를 접대하였다. 바로 이러한 모임을 통한 다른 과학자들과의 교류는 라부아지에가 연구 방향을 설정하고 자신의 이론을 발전시켜 나아가는 데에 큰 도움이 되었다.

이러한 '살롱의 여주인'으로서의 역할을 담당한 사람은 폴즈뿐 아니라 당시 귀족 부인이나 부유층 여성들 중에 꽤 있었는데, 이는 유럽의 지성사에서 근대과학과 철학의 발전 등에 상당히 큰 영향을 미친 바 있다.

볼테르의 연인으로서 과학의 발전에 공헌한 샤틀레 부인

유명 과학자들의 로맨스

근래 우리 사회에서 '내가 하면 로맨스, 남이 하면 불륜'이라는 이야기가 상당히 유행한 바 있다. 사자성어 비슷하게 내로남불이라는 약어로도 사람들 입에 오르내렸는데, 물론 원래의 뜻보다는 사회적 풍자의 의미로 사용되기도 하였다.

저명 과학자들 역시 인간인 이상 사생활에서 로맨스 등이 없지 않았고, 그로 인하여 구설수에 오른 적도 있다. 지극히 사적인 영역을 굳이 논하는 것이 적절치 않아 보일 수도 있겠다. 그러나 단순한 가십거리나 호사가적 취미 차

원이 아니라, 과학사에서 나름의 의미를 지니는 경우도 있으므로 이를 살펴보는 것도 나쁘지는 않을 듯싶다.

여성 과학자들의 영원한 롤모델로 손꼽히는 마리 퀴리(Marie Curie, 1867-1934), 즉 퀴리 부인 역시 결혼 전후 로맨스가 있었다. 폴란드 태생으로 어릴 적에는 마냐 스클로도브스카(Manya Sklodowska)로 불렀던 그녀가, 가난한 집안 사정으로 프랑스 유학 시절에 가정교사를 하면서 학비와 생활비를 벌었다는 이야기는 위인전 등에서 빠짐없이 나오는 대목이다.

그녀는 자신뿐 아니라 의대에 진학했던 언니를 위해서도 힘든 가정교사 생활을 지속했는데, 자신이 일했던 돈 많은 집의 큰아들과 첫사랑에 빠진 적이 있었다. 그러나 남자의 부모는 폴란드 출신의 가난한 여자와의 결혼을 완강히 반대하였고, 결국 두 사람은 헤어질 수밖에 없었다. 훗날 마리는 자신에게 아픔을 안겨주었던 첫사랑에 대해서 "만약 그때 부잣집 아들과 결혼했더라면 라듐은 발견되지 못했을 것"이라고 회상한 바 있다.

언니가 의대를 졸업한 후에야 파리 소르본대학 이학부에 입학한 마리는, 그곳에서 여덟 살 연상의 노총각 과학자인 피에르 퀴리(Pierre Curie, 1859-1906)를 만나 결혼하여 모범적인 부부 과학자의 길을 걸었다. 그러나 부부가 함께 노벨물리학상을 받은 지 3년 후인 1906년, 남편인 피에르 퀴리가 갑작스러운 마차 사고로 세상을 떠나고 말았다.

홀몸이 된 퀴리 부인은 남편의 제자였던 다섯 살 연하의 물리학자 폴 랑주뱅(Paul Langevin, 1872-1946)과 위험한 사랑에 빠졌다는 소문이 퍼졌는데, 랑주뱅은 유부남이었기 때문에 당연히 문제가 되었고 구설수에 올랐다. 마침 1911년 그녀의 두 번째 노벨상인 노벨화학상 수상을 앞두고 언론 등의 많은 비판을 받았는데, 노벨상 수상을 스스로 포기하라는 강요도 많았다.

그러나 아인슈타인(Albert Einstein, 1879-1955)은 퀴리 부인에게 당당하게 노벨상을 받으라는 격려를 했고, 퀴리 부인은 "노벨상은 사생활에 주어지는 것이 아니다"라면서 거리낌 없이 노벨상을 받았다고 한다. 아인슈타인 역시 바람기가 상당했던 과학자로서 '동병상련'을 느끼고 퀴리 부인에게 그런 조언을 하지 않았을까 싶다.

퀴리 부인, 즉 마리 퀴리의 외손녀인 엘렌 랑주뱅 졸리오(Hélène Langevin-Joliot, 1927-)는 프랑스에서 지도적인 핵물리학자로 활동한 후 은퇴한 바 있다. 그런데 그녀의 남편이던 미셸 랑주뱅(Michel Langevin, 1926-1985)이 놀랍게도 바로 폴 랑주뱅의 손자였으니, 조부모 대에서 이루어지지 못했던 사랑을 그들의 손자와 손녀가 이어서 결실을 맺은 셈이 되었다.

아인슈타인은 위대한 물리학자이자 최고 지성인으로서도 자신의 사회적 본분을 다했지만, 사생활에서는 그다지 모범을 보이지 못하였다. 앞서 언급했듯이 그는 같은 대학 동료였던 밀레바 마리치(Mileva Maric, 1875-1948)를 첫 부인으로 맞았으나, 좋은 남편이 되어주지 못했다. 더구나 결혼 전에 사생아를 가졌던 밀레바는 결국 학자로서의 길을 포기하고, 남편의 뒷바라지에 전념하게 되었다.

아인슈타인이 밀레바와 이혼하게 된 것은, 둘째 아들이 심신이 병약했던 이유가 밀레바 집안의 혈통 때문이라 생각하여 자주 다투었기 때문이라 한다. 그러나 천재적 예술가나 과학자 중에 정신적인 문제가 있었던 예가 많았듯이, 그 원인이 아인슈타인 쪽에서 기인했는지 모른다고 보는 이들도 적지 않다.

아인슈타인은 밀레바와 이혼 후에 부모 양쪽으로 친척

관계였던 엘자(Elsa Einstein, 1876-1936)와 재혼하였으나, 그녀 역시 늘 심한 마음고생을 했던 것으로 알려져 있다. 아인슈타인이 엘자와의 결혼생활 중에 다른 여러 여성들과 로맨스를 이어갔기 때문이다. 또한 재혼 전에 아인슈타인은 나중에 자신의 의붓딸이 된, 엘자의 전남편 소생의 장녀에게도 사랑을 고백한 적이 있다.

과학의 발전에 적지 않은 힘이 되었지만 그동안 잘 알려지지 않았던 여성으로서, 에밀리 뒤 샤틀레(Émilie du Châtelet, 1706-1749), 즉 샤틀레 부인이 있다. 그녀는 19세 때 샤틀레 후작과 결혼하여 세 아이까지 두었지만, 1733년 파리에서 철학자 볼테르(Voltaire 본명 François-Marie Arouet, 1694-1778)를 만난 후 그와 연인 관계로 발전하면서 자연철학에 깊이 빠져들었다. 오늘날의 기준으로 보면 불륜으로 볼 수 있겠지만, 당시에는 유럽의 귀족 부인들이 따로 애인을 여럿 두는 것이 보편적인 풍속이었으므로 그 자체로 크게 비난을 받지는 않았다고 한다. 심지어 볼테르는 그녀의 남편이던 샤틀레 후작과도 좋은 관계를 유지하였다.

볼테르는 프랑스의 대표적인 계몽사상가로서 프랑스에 뉴턴(Isaac Newton, 1642-1727)의 자연철학을 소개하여 대중화시켰으나, 당시 프랑스 사회체제에 비판적이었던 그의 사상은 당국으로부터 탄압을 받기도 하였다.

샤틀레 부인은 고위 귀족의 부인으로서 그러한 볼테르에게 방패막이가 되어주기도 했고, 한편으로는 프랑스의 뉴턴주의 과학자 모페르튀(Pierre-Louis Maupertuis, 1698-1759)에게서 수학을 배워서 볼테르의 부족한 점을 보충해주었다. 볼테르는 과학자라기보다는 작가이면서 철학자였으므로 수학에는 모르는 부분이 많았는데, 이후 그가 『뉴턴 철학의 기초』를 저술할 때 샤틀레 부인이 큰 도움을 주었다. 그뿐만 아니라, 수학적으로 어렵기로 유명한 뉴턴의 대표적 저서 『프린키피아(Philosophie Naturalis Principia Mathematica: 자연철학의 수학적 원리)』를 프랑스어로 번역하고 상세한 주석을 첨부하였다. 이 책은 당대의 프랑스 지식인들에게 큰 영향을 미쳤다.

샤틀레 부인은 또한 사설 연구소를 만들어 직접 실험과 연구를 진행했다고 전해지며, 따라서 그녀를 최초의 근대적 여성 과학자로 보기도 한다. 그러나 샤틀레 부인은 불운하게도 『프린키피아』의 번역본이 출판되기 직전에, 40이 넘은 나이로 볼테르의 아이를 출산하고 그 후유증으로 세상을 떠난 것으로 알려져 있다.

그녀가 죽은 후에 세상은 여성이 그처럼 중요한 업적을 남긴 것을 전혀 이해하려 하지 않았고 인정하지도 않았다. 저명한 철학자 임마누엘 칸트(Immanuel Kant, 1724-1804)마저 "샤틀레 부인이 그런 탁월한 일을 했다고 주장하는 것은 여성이 턱수염을 길렀다는 것만큼이나 얼토당토않은 소리"라고 일축했다고 한다.

볼테르는 앞서서 그녀에게 보낸 서신에서 "당신은 아름다우니 인류의 절반은 당신의 적이 될 것이오. 당신은 영민하니 사람들이 당신을 두려워할 것이오. 당신은 남을 잘 믿으니 사람들에게 배신을 당할 것이오"라고 그녀의 불행한 운명을 예언한 바 있다.

원소주기율표를 작성한 멘델레예프(1897년)

과학자의 어머니

후대에 이름을 남긴 역사상의 위인들 중에는, 어머니의 가르침에 크게 힘입어 위대한 업적을 남긴 사람들도 많다는 사실은 잘 알려져 있다. 동양에서 대표적인 예를 꼽으라면, 삼천지교(三遷之教)라는 고사성어의 주인공인 맹자(孟子, BC 372?-BC 289?)의 어머니를 들 수 있을 것이다. 우리 역사에서도 '불을 끄고 어두운 가운데 가지런히 떡을 썰어서 아들의 부족함을 깨우쳤다는' 유명한 일화를 남긴 한석봉(韓石峯, 1543-1605)의 어머니 등 여러 사례가 있다.

그렇다면 아들에게 큰 영향을 미친 '과학자의 어머니'들은 누구를 들 수 있을까? 과학자라고 부르기는 어렵지만 다른 어느 과학자에 못지않게 과학기술의 발전에 큰 공헌을 한 토머스 에디슨(Thomas Alva Edison, 1847~1931)의 어머니도 그중 하나라 할 수 있을 것이다.

아들의 교육에 혼신의 힘을 기울여 후에 위대한 과학자로 성공시킨 여성으로서, 러시아의 화학자 멘델레예프(Dmitri Ivanovich Mendeleev, 1834~1907)의 어머니를 빼놓을 수 없다. 멘델레예프의 원소주기율표는 오늘날에도 모든 화학 교과서의 표지 안쪽에 나와 있을 정도로 화학에서 중요한 위치를 차지하고 있다. 그가 여러 어려운 여건을 딛고서 탁월한 업적을 남겼던 뒤안길에는 온갖 희생과 고난을 감수하면서 아들을 뒷바라지한 어머니가 있었다.

드미트리 멘델레예프는 1834년 2월 7일, 러시아 서부 시베리아 지방의 토볼스크라는 곳에서 14남매 중 막내로 태어났다. 그의 형제자매들은 일각에서는 11남매라고도 하고 혹은 16, 17남매에 이르렀다는 설도 있으니, 아무튼 대단한 대가족이었던 셈이다. 멘델레예프의 아버지는 중학교 교장으로서 학식이 많은 사람이었고 어머니는 많은 자녀를 훌륭히 길러냈는데, 특히 막내였던 드미트리 멘델레예프는 '미차'라는 애칭으로 가족의 사랑을 독차지하였다.

그러나 드미트리가 열 살이 되던 해에 그의 아버지가 병을 앓아서 실명했기 때문에 학교도 그만두어야만 했다. 퇴직한 아버지가 받는 연금만으로는 많은 식구가 살아가기에 너무도 모자랐기 때문에, 그의 어머니가 모진 세파와 싸우면서 생활전선에 뛰어들게 되었다. 토볼스크 지방에 일찍 정착했던 그녀의 친정은 유리 제조업에 종사하고 있었는데, 그녀는 친정아버지로부터 유리공장을 인수받아 경영에 나섰다.

멘델레예프의 어머니는 탁월한 경영 수완을 발휘하여 공장을 번창시켰고, 가족들은 여장부 어머니 덕에 그런대로 안정된 생활을 할 수 있었다. 멘델레예프는 어릴 적부터 어머니의 손을 잡고 유리공장에 드나들면서 유리가 만들어지는 과정 등에 관심을 보였고, 어머니는 막내아들을 나중에 대학에 보내려고 일찍부터 돈을 저축하였다. 멘델레예프는 학교에서 수학이나 과학에 뛰어난 재능을 보였으나, 학자의 필수 언어인 라틴어를 비롯한 외국어에는 통 흥미가 없었다고 한다.

그런데 멘델레예프가 중학교를 졸업하기 2년 전인 14세

때부터 그의 가정에 불행이 겹치게 되었다. 조용히 여생을 보내던 아버지가 폐결핵으로 세상을 떠났고, 얼마 지나지 않아 어머니의 유리공장이 큰 화재로 전소되었다. 멘델레예프의 어머니는 공장을 재건할 만한 큰돈이 없었고, 막내의 진학을 위해 저금해둔 것밖에 없었다. 이때부터 그녀의 소원은 단 하나, 막내인 드미트리를 명문 모스크바대학에 진학시키는 일이었다. 그녀는 60을 바라보는 나이에 대식구를 이끌고 시베리아의 추위를 무릅쓰고 머나먼 길을 걸어서 모스크바로 이주하였다.

그러나 멘델레예프는 모스크바대학에 입학할 수 없었다. 라틴어를 비롯한 몇 과목의 성적이 좋지 않은 데다, 그는 시베리아 지방의 사투리만 알 뿐 모스크바 지역의 표준어를 몰랐기 때문에 대학에서 입학을 허용하지 않았던 것이다. 멘델레예프는 이때 어머니의 낙담한 모습을 평생 잊을 수 없었다고 한다.

그러나 그녀는 아들이 좌절하지 않도록 격려하면서, 차선책으로 상트페테르부르크 소재 대학의 문을 두드렸다. 그녀는 간신히 상트페테르부르크 교육대학에 막내아들을 입학시켰는데, 마침 학장이 아버지의 옛 친구였기 때문에 그는 가까스로 장학생으로 입학할 수 있었다.

멘델레예프가 천신만고 끝에 대학생이 된 기쁨도 잠시, 입학 후 몇 개월이 지나지 않아서 그의 어머니마저 세상을 떠나게 되었다. 아들을 위해서 너무 혹사한 결과, 폐결핵에서 회복되지 못했던 것이다. 1850년 멘델레예프의 어머니는 16세인 막내아들의 손을 잡고서 과학 연구에 매진하라고 유언을 남기고 그의 곁을 떠났다. 멘델레예프는 이후 항상 어머니의 마지막 모습을 간직한 채 공부에 몰두하였고, 몸이 허약해서 그 역시 폐결핵으로 고생하기도 하였으나 1855년에 수석으로 졸업하게 되었다. 그는 기념으로 받은 금메달을 목에 걸고 어머니의 묘소로 향했다고 한다.

그 후 멘델레예프는 1865년에 박사학위를 받았고 『유기화학 교과서』, 『화학의 기초』 등의 저술 활동도 왕성히 하였다. 또한 잘 알려진 대로 원소들의 주기적 성질을 연구한 결과, 1869년부터 원소주기율표를 처음으로 만들어서 화학을 비롯한 근대과학의 발전에 불멸의 업적을 남겼다. 멘델레예프가 1887년에 출간한 『수용액의 연구』라는 책의 서문에는 자신의 어머니에게 바치는 헌사가 실려 있다.

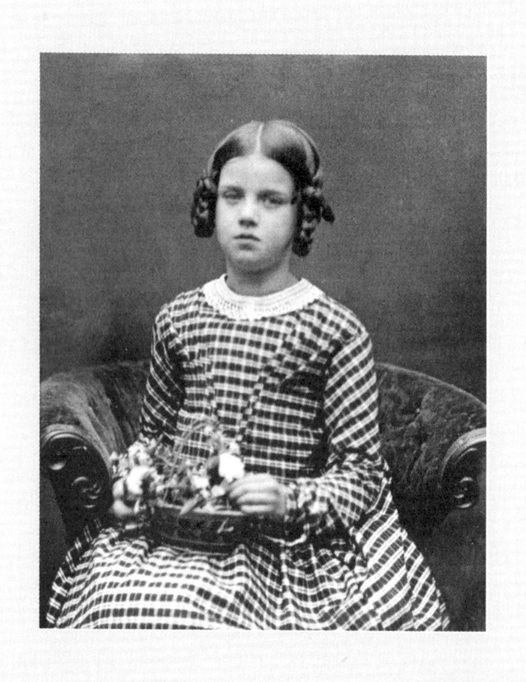

10세에 세상을 떠난 다윈의 딸 애니

딸과 애틋했던 과학자들

저명한 과학자의 딸들이 어떠한 인물이었는지 파악하기는 쉽지 않을 것이다. 큰 업적을 남긴 과학자 부모의 뒤를 이어 역시 과학자로 성장하여 나름 성공한 이들도 있겠지만, 과학과 무관한 분야에서 활동하거나 평범한 여성으로 삶을 영위한 경우가 대부분일 것이기 때문이다. 과학자의 딸들, 그리고 그녀들과 과학자 부모와의 관계 등에 대한 여러 이야기를 살펴보기로 한다.

역사상 최초의 여성 수학자라 불리는 히파티아(Hypatia, 370?-415)와 그녀의 비극적인 생애에 대해서는 앞에서 언급했는데, 그녀 역시 테온(Theōn, 350?-400?)이라는 과학자 또는 수학자의 딸이다. 이렌 퀴리(Irène Joliot-Curie, 1897-1956) 역시 부모가 모두 훌륭한 과학자였다.

이들처럼 부모의 뒤를 이은 과학자는 아니지만, 저명한 과학자의 딸로서 후대 사람들의 주목을 받은 경우도 있다. 이들은 비범한 능력으로 아버지의 과학 연구를 돕지는 않았지만, 아버지와의 다정하고 애틋한 관계 등이 뒤늦게 알려지면서 저명 과학자들의 인간적 내면을 엿볼 수 있는 전기를 제공하기도 하였다.

진화론을 정립한 저명한 생물학자 찰스 다윈(Charles Robert Darwin, 1809-1882)이 그런 경우이다. 다윈은 한 살 연상의 외사촌 누나였던 엠마 웨지우드(Emma Wedgwood Darwin, 1808-1896)와 결혼하여 슬하에 많은 자녀를 두었는데, 그중 몇 명은 아주 어린 나이에 사망하였다.

근친결혼으로 인한 폐해가 아닐까 생각하는 이들도 있겠지만, 당시 사회의 높은 영유아 사망률을 고려하면 그리 특별한 경우라고 볼 수는 없을 것이고, 다윈 자신 또한 병약한 편이어서 여러 차례 병치레로 고생을 하곤 하였다.

다윈의 큰딸이던 애니(Annie Elizabeth Darwin, 1841-1851) 역시

아버지와 비슷한 증세로 고생하다가, 열 살의 어린 나이에 세상을 떠나고 말았다. 현대 의학계에서는 애니가 결핵에 걸려서 사망했을 것으로 추정하지만, 당시 의학 수준으로는 정확한 병명도 알 수 없었고 민간요법으로 치료를 받은 것이 고작이었다.

자신이 가장 아끼고 귀여워했던 큰딸의 죽음에 큰 충격을 받은 다윈의 비통한 심정은 그가 1851년에 부인 엠마에게 쓴 편지에도 잘 나타나 있다. "오늘 정오에 애니는 평안하게 마지막 잠에 들었다오. 너무도 짧은 생을 살다 간 이 아이와의 추억이 자꾸 생각나 얼마나 가슴이 아픈지 모르겠소. 한 번도 말썽 피운 적이 없는 사랑스러운 아이였지 않았소?" 이때 다윈이 느꼈을 신에 대한 원망이 훗날 무신론으로 연결될 수밖에 없는 진화론 형성의 계기가 된 것 아니냐는 주장도 있는데, 이는 호사가들의 지나친 억측이라 하겠다.

부녀간의 애절한 사랑을 보여준 또 하나의 위대한 과학자는 '근대과학의 아버지'라 불리는 갈릴레오 갈릴레이(Galileo Galilei, 1564-1642)이다. 그는 평생 정식으로 결혼하지는 않았지만, 가정부였던 여인과 동거하여 슬하에 1남 2녀의 자식을 두었다. 그러나 갈릴레이의 자녀들은 '사생아' 신분으로서 출생신고도 하지 못했고, 남들의 이목을 피해서 키워야만 했다.

갈릴레이의 딸들은 장성하자 수녀원으로 보내졌는데, 수녀원은 사생활의 비밀이 보장되는 은둔하기 좋은 장소였기 때문이다. 또한 사생아 출신 여인들은 결혼하기도 어려웠으므로, 수녀가 되는 것이 여러모로 불가피한 선택이었을 것이다.

갈릴레이는 어릴 적에 비르지니아(Virginia)라는 세례명으로 불렀던 큰딸과 특히 애틋한 관계를 오래 유지하였다. 그녀는 수녀가 될 때에 아버지가 하늘과 별에 큰 관심을 두고 연구하는 것을 알고서, 세례명에 하늘을 뜻하는 '셀레스테'를 포함하여 마리아 셀레스테(Maria Celeste)라고 이름을 지었다.

사생아로 태어나서 결혼도 못 하고 형편도 넉넉지 못한 수녀원에서 가난과 외로움을 겪었으니 아버지를 원망했을 법도 한데, 마리아 셀레스테는 도리어 갈릴레이를 평생 존경하고 헌신적인 애정을 보여주었다.

특히 지동설을 주장했던 갈릴레이가 종교재판에 회부되

어 가택연금 처벌을 받고 집에 갇혀 있을 무렵, 셀레스테는 아버지에게 매일 편지를 쓰면서 그를 위로하였다. 이렇게 갈릴레이와 큰딸이 주고받은 애절한 편지가 수백 통이나 되는데, 갈릴레이는 편지에서 일상적인 이야기뿐 아니라 그의 학문적인 의견도 개진하는 등, 딸이라기보다는 다른 곳에 살고 있는 동료처럼 대하기도 하였다.

갈릴레이와 딸의 편지들은 상당수가 소실되고 말았는데, 딸이 갈릴레이에게 보내는 124편의 현존 편지를 바탕으로 쓰인 책으로 『갈릴레오의 딸(Galileo's Daughter)』이 있다. 《뉴욕타임스》 과학기자 출신의 저널리스트가 유려한 문체로 갈릴레이 부녀의 애절한 사랑 및 당대의 과학과 신앙 등을 잘 묘사하여 호평을 받았고, 국내에도 번역본이 출간된 바 있다.

또한 유명한 해외 연극인 〈갈릴레이의 생애〉가 국내 무대에도 오른 바 있고 갈릴레이와 관련된 뮤지컬들도 공연된 적이 있다. 물론 이들 작품에서도 갈릴레이의 딸인 셀레스테가 중요한 캐릭터로 등장하여 관객들에게 깊은 감동과 여운을 남겨주었다.

퀴리 부인의 큰딸과 사위였던 이렌과 프레데리크

어머니 못지않았던 퀴리 부인의 딸

탁월한 여성 과학자이자 퀴리 부인으로 널리 알려진 마리 퀴리(Marie Curie, 1867-1934)의 큰딸 이렌 퀴리(Irène Joliot-Curie, 1897-1956) 역시 뛰어난 여성 과학자였다. 그녀는 여러모로 어머니인 퀴리 부인의 데자뷔를 떠올리게 한다. 즉 대학을 최우등으로 졸업한 후 동료 과학자와 결혼했고, 부부가 공동으로 연구하여 노벨상을 함께 받았을 뿐 아니라, 방사능 실험 연구의 후유증으로 인한 백혈병으로 사망한 것까지도 동일하다. 그러나 이렌 퀴리는 과학사상 매우 중요한 발견들을 두 번이나 아깝게 놓쳐버리는 불운한 일을 겪은 바 있다.

이렌 퀴리는 1897년 파리에서 퀴리 부부의 장녀로 태어났다. 그녀는 소르본대학을 졸업하고 어머니인 퀴리 부인의 라듐 연구소 일을 돕다가, 그곳에서 세 살 연하의 프레데리크 졸리오(Jean Frédéric Joliot-Curie, 1900-1958)를 만나서 1926년에 결혼했다. 프레데리크 졸리오는 퀴리 부부의 사진을 실험실 벽에 붙여둘 정도로 퀴리 부부를 존경했다고 알려졌는데, 퀴리 가문의 '데릴사위'가 되려는 야심을 예전부터 가지고 있었다고 그를 비판하는 사람들도 있다.

그래서인지 프레데리크는 결혼 후에 자신과 아내의 성을 합한 '졸리오-퀴리(Joliot-Curie)'라는 새로운 성으로 바꾸었는데, 따라서 이렌의 정식 이름은 이렌 졸리오-퀴리(Irène Joliot-Curie), 프레데리크는 프레데리크 졸리오-퀴리(Jean Frédéric Joliot-Curie)인 셈이다.

이들 '2세 퀴리 부부' 역시 부모처럼 모든 논문을 부부 공동으로 발표하는 등 금실 좋게 과학의 길을 함께 걸었을 뿐만 아니라, 과학 행정이나 정치 분야에서도 중요한 역할을 하였다. 즉 이렌은 과학 연구를 관장하는 프랑스 최초의 여성 장관으로 일한 적이 있고, 프레데리크는 제2차 세계대전 중 나치 독일에 점령당한 프랑스에서 레지스탕스로 활동했을 뿐 아니라, 전후에는 원자력 장관 등 여러 요직을 역임하면서 프랑스 과학의 재건에 큰 공헌을 하였다.

이렌과 프레데리크가 주로 연구한 분야 역시 부모의 연구를 이어받은 방사성 물질에 관한 것이었는데, 이들은 1934년에 알루미늄(Al)에 알파(α)선 입자를 충돌시키면 양성자가 방출된 후 방사능을 지닌 인(P)이 생긴다는 사실을 확인하였다. 즉 인공 방사성 원소의 존재를 처음으로 확인한 셈인데, 이 공로로 졸리오-퀴리 부부는 1935년도 노벨 화학상을 함께 수상하였다. 그런데 이보다 앞서서 그들에게는 중성자를 발견할 수 있는 좋은 기회가 있었다.

1930년에 독일의 물리학자 보테(Walther Bothe, 1891-1957)와 베커(Herbert Becker)는 금속 베릴륨(Be)에 알파선 입자를 충돌시키면 매우 관통력이 강한 선이 나오는 것을 발견하였다. 졸리오-퀴리 부부는 같은 실험을 하여 그 결과를 1931년 12월에 발표하였는데, 그들은 보테, 베커와 마찬가지로 베릴륨에서 나오는 선이 강력한 감마(γ)선과 같은 것이라고 보았다.

그러나 이 선의 관통력은 감마선보다 훨씬 강할 뿐 아니라, 파라핀, 물과 같이 수소를 많이 포함하는 물질에 충돌시키면 양성자를 방출한다는 놀라운 사실도 밝혔는데, 이것은 이론적으로 잘 설명이 안 되는 부분이었다.

그들의 발표 직후인 1932년 2월 초에 영국의 제임스 채드윅(James Chadwick, 1891-1974)은 새로운 전자공학적 실험기법을 도입하여 열흘간 일련의 실험들을 해본 결과, 베릴륨에서 나오는 선은 감마선과 같은 전자기파가 아니라 질량은 양성자와 거의 같으나 전기적으로는 중성인 입자라는 가설을 발표하였다. 이 입자가 바로 중성자로서 채드윅은 1935년도 노벨물리학상을 수상하였고, 지금도 '중성자의 발견자'로서 과학사의 한 페이지에 기록되어 있다.

채드윅의 중성자 발견은 이후 물리학의 여러 관련 분야가 급속히 발전하는 계기가 되었고, 방출되는 중성자로 대상 물질을 때리는 중성자 사격실험은 매우 유용한 실험방법으로 자리를 잡게 되었다.

이런 실험을 가장 활발히 진행한 이는 이탈리아의 물리학자 페르미(Enrico Fermi, 1901-1954)였다. 그의 연구팀은 여러 원소에 중성자를 쏘아서 핵 변환, 즉 원소 변환을 실험하였는데, 원소들에 중성자를 충돌시키면 거의 예외 없이 베타

(β)선인 음극선을 방출한 후 원자번호가 하나 높은 원소로 변환한다는 사실을 알아내었다.

그는 당시 원소주기율표상 마지막 원소인 우라늄(U)에도 중성자를 쏘아서 우라늄보다 원자번호가 큰 초우라늄을 만들려고 시도하였다. 지금도 자연 상태로 존재하는 것 중 가장 무거운 원소는 우라늄이지만, 그 당시에는 92번 우라늄 이상의 원자번호를 갖는 원소는 아예 없었다. 따라서 우라늄에 중성자를 충돌시켜서 원자번호 93 이상의 원소를 만들려는 시도는 많은 과학자들의 지대한 관심을 끌 수밖에 없었다. 페르미 연구팀은 한때 원자번호 93의 초우라늄 원소를 만들었다고 발표하기도 하였다.

졸리오-퀴리 부부 역시 이 실험에 몰두하여 우라늄에 중성자를 충돌시킨 결과, 뭔가 새로운 원소가 나온 것을 발견하고 역시 이를 초우라늄 원소라고 생각하였다. 한편 독일 카이저빌헬름 연구소의 오토 한(Otto Hahn, 1879-1968) 연구팀 역시 초우라늄 원소에 관한 비슷한 연구를 하던 중이었는데, 졸리오-퀴리 부부의 발표를 접하고 놀라서 다시 실험을 진행하였다.

오토 한은 원래 유기화학자 출신이었으나 핵 현상을 연

구한 방사화학자로서 경험도 풍부했고, 여성 물리학자 마이트너(Lise Meitner, 1878-1968), 분석화학자 슈트라스만(Fritz Strassmann, 1902-1980)과 함께 예전부터 페르미의 연구 결과를 주시해오던 터였다.

이들은 다른 화학분석 방법을 써서, 졸리오-퀴리 부부가 우라늄 핵변환 과정에서 발견한 원소는 초우라늄이 아니라 원자번호 56인 바륨(Ba)이라는 사실을 밝혀내었다. 즉 원자번호 92인 우라늄, 이 경우 질량수 238인 일반 우라늄이 아니라 질량수 235의 방사성 우라늄에 중성자를 충돌시키면, 더 높은 원자번호의 초우라늄이 되는 것이 아니라 원자번호 56인 바륨과 36인 크립톤(Kr)으로 분열하는 것이었다. 또한 핵분열의 연쇄반응을 통하여 막대한 에너지가 함께 방출된다는 사실도 이후에 밝혀지게 되었다. 오토 한은 핵분열의 원리를 발견한 공로로 1944년도 노벨화학상을 수상하였다.

졸리오-퀴리 부부로서는 두 차례나 실험적으로 다른 과학자들보다 훨씬 앞선 결과를 얻고서도, 정확한 해석을 하지 못하는 바람에 다른 과학자들이 그 결실을 차지해버린 격이 되었다. 원자핵물리학 분야를 비롯한 현대물리학이

혁명적인 발전 양상을 보였던 그 당시에, 물리학자들은 실험 못지않게 그 결과에 대한 해석도 잘해야만 했다. 즉 이론과 실험이라는 양수겸장의 능력이 요구되는 경우가 많았는데, 졸리오-퀴리 부부는 이론에서 뒤졌던 셈이다.

만약 이렌이 자신의 실험 결과의 의미를 보다 정확하게 해석했더라면, 자신의 어머니 이상의 커다란 명예를 남겼을지도 모른다. 그러나 어찌 되었든 퀴리 가문에서는 2대에 걸쳐서 세 차례의 과학 분야 노벨상을 받았으니 참으로 대단한 집안사람들임에는 틀림없다.

(4부)

과학자의 뒷모습

은둔형 과학자의 대표로 꼽히는 캐번디시
ⓒ George Wilson

과학자는 별난 사람일까?

'과학자'라고 하면, 연구실에 틀어박혀 속세와 동떨어져 살아가는 고고한 은둔자이거나, 세상 물정을 잘 모르고 괴팍한 성정을 가진 기인의 이미지를 떠올리는 사람들이 여전히 적지 않은 듯하다. 영국의 계관시인 워즈워스(William Wordsworth, 1770-1850)도 "과학자는 멀리 떨어져 있는 미지의 은자처럼 진실을 추구하고, 혼자서 진리를 소중히 여기고 사랑한다"라고 말한 것으로 보아, 과학자를 속세를 초월한 현자의 모습으로 본 듯하다.

과학기술이 사회의 다른 분야들과 긴밀한 관계를 맺으

며 수많은 과학기술자의 조직적 연구개발 활동이 빈번한 오늘날에는 옳지 않은 고정관념이겠지만, 유명한 과학자나 수학자 중에는 기인들도 더러 있었던 것이 사실이다.

'괴팍한 성정의 기인' 이미지에 가장 어울리는 과학자는 아무래도 캐번디시(Henry Cavendish, 1731-1810)일 것이다. 그의 집안은 대대로 내려오는 유명한 귀족이었고, 일찍 친척의 재산을 상속받은 그는 대단한 부자였다. 그러나 그의 생활은 지극히 검소했으며, 혼자서 항상 연구에 몰두하여 많은 업적을 남겼다. 프랑스의 한 학자는 그를 두고 "모든 학자 중에서 가장 부유했으며, 또한 모든 부자 중에서 가장 학식 있는 사람"이라고 한 바 있다.

그는 도통 말이 없고 사람 만나기를 꺼리기로 유명했는데, 특히 여자들을 싫어하여 하녀들에게는 메모지로 식사를 지시하였고, 하녀 전용 계단을 따로 만들어서 여자들과 마주치는 것을 피할 정도였다고 한다. 결혼하지 않고 평생 독신으로 살았음은 물론이다.

당시의 귀족들은 초상화를 여럿 그려서 집안 곳곳에 걸어두거나 후손에게 물려주는 것이 풍습이었는데, 그는 단 한 장의 초상화만 그리게 하였다. 그나마 화가가 예복을 입은 캐번디시의 몸만 미리 그리고 얼굴은 기억해놓았다가 나중에 그려 넣었다고 한다.

대단한 부자였던 캐번디시는 돈에 집착하지 않았고 사람들에게 거액의 현금이나 선물을 주기 일쑤였다. 그의 예금을 맡고 있던 은행에서 너무 큰돈을 예치하고만 있기가 미안해서 예금의 일부를 투자하는 것이 어떻겠느냐고 권고했으나, 그는 무슨 뜻인지 몰라 당황하면서 도리어 화를 냈다고 한다.

캐번디시가 사람들을 피하고 항상 외롭게 지내기를 좋아했던 이유는 다음과 같은 모순된 생각 사이에서 늘 고민했기 때문이라고도 한다. 즉 고위 귀족이던 그가 당시 영국의 산업혁명으로 몰락해가는 귀족들의 운명을 가슴 아프게 생각하면서도, 한편으로는 "인류의 발전을 위하여 산업혁명은 진행되어야 하며, 또한 이를 위하여 새로운 과학이 더욱 발전하여야 한다"고 여겼다는 것이다.

그 이유야 어쨌든 그는 외로운 연구를 통하여 수많은 중요한 업적들을 남겼고, 산업혁명에도 큰 관심을 가지고 관련된 분야의 새로운 과학을 찾아 나서는 선구적인 모습을 보였다. 수소(水素)의 발견, 비틀림 진자를 이용한 만유인력

상수의 측정이 그의 대표적 업적이며, 그 밖에도 정전기에 관한 기초적 실험, 지구의 비중 측정, 열, 융해 현상 및 공기의 연구에서도 훌륭한 연구 성과들을 남겼다. 그의 이름을 딴 영국의 캐번디시연구소는 오늘날 영국뿐 아니라 세계적으로도 널리 명성을 떨치는 저명한 연구소로서 노벨상 수상자만도 수십 명 이상 배출한 바 있다.

현대 수학자 중에서 은둔형의 별난 사람에 가장 가까운 인물로는 러시아의 수학자 그리고리 페렐만(Grigori Yakovlevich Perelman, 1966-)을 꼽을 수 있을 것이다. 그는 고향인 러시아 상트페테르부르크에서 외부와의 접촉을 피한 채 은둔생활을 하면서 수학 연구에만 몰두해온 것으로 알려져 있다.

그가 유명해진 것은 이른바 '밀레니엄 7대 수학 난문제' 중 하나로 꼽히는 '푸앵카레 추측(Poincare conjecture)'을 지난 2002년에 풀었기 때문인데, 그 후 몇 년간에 걸친 수학자들의 검증에 의하여 그의 해법이 옳다는 사실이 증명되었다. 7대 난제 중 이를 제외한 다른 문제들은 미해결로 남아 있다.

국제 수학자연맹은 페렐만의 공로를 인정해 2006년에 수학계의 노벨상이라 불리는 '필즈 메달'을 수여하기로 결정했으나 페렐만은 수상을 거부하여 화제가 되었다. 또한 밀레니엄 7대 난제를 선정했던 미국 클레이수학연구소(CMI)가 문제를 풀어낸 사람에게 수여하기로 한 상금 100만 달러마저 끝내 거절하였다. 페렐만은 푸앵카레 추측을 해결하는 데에 또 다른 공헌을 한 수학자의 공로가 충분히 평가되지 않은 상태에서, 자신만 상을 받을 수 없다는 입장이라고 했다. 그는 당시 별다른 수입 없이 노모의 연금에 의존해 살면서 생활 형편이 상당히 어려운 것으로 알려졌으나, 상금을 받으라고 설득하는 수학자들과 주변 사람들의 권유를 뿌리쳤다.

영화 뷰티풀 마인드의 주인공이었던 수학자 존 내시(1951년)

영화에 비친 수학자의 모습

중증 장애인이었음에도 불구하고 불후의 업적들로 세기적 과학자 반열에 오른 스티븐 호킹(Stephen Hawking, 1942-2018) 박사의 삶은 영화로도 옮겨진 바 있다. 이처럼 위대한 과학자에 관한 영화들이 꽤 있지만, 그중 흥행에도 성공하고 대중에게도 잘 알려진 영화들은 수학자가 주인공인 경우가 적지 않다.

〈뷰티풀 마인드(A Beautiful Mind)〉는 실화에 바탕을 둔 영화로서, 조현병에 시달리던 천재 수학자 존 내시(John Forbes Nash Jr., 1928-2015)의 생애를 감동적으로 그려냈다는 평가를 받았다.

최고의 엘리트들이 모이는 명문 프린스턴대학원에 장학생으로 입학한 내성적인 성격의 천재 존 내시는 늘 수학 문제에 매달려 사는데, 그는 어느 날 친구들과 함께 들른 술집에서 금발 미녀를 둘러싸고 벌이는 친구들의 경쟁을 지켜보던 중 수학 이론의 단서를 발견하게 된다. 이때 내시가 직관으로 밝혀낸 것이 바로 게임이론 중에서도 중요한 위치를 차지하는 '내시 균형(Nash equilibrium)' 이론으로서, 그를 일약 학계의 스타로 떠오르게 하고 훗날 노벨경제학상까지 받을 수 있게 한 탁월한 업적이다.

이후 MIT 대학의 교수로서 수학을 강의하던 그는 자신의 수업을 듣던 물리학과 대학원생과 사랑에 빠져 행복한 결혼을 하지만, 이미 오래전부터 조현병으로 파멸의 늪에 빠져가고 있었다. 즉 그는 자신이 정부의 비밀요원을 만나 구소련의 암호 해독 프로젝트를 비밀리에 수행하고 있는 것으로 알았고, 구소련의 스파이가 자신을 미행하여 목숨의 위협을 받고 있다는 생각에 아내에게까지 비밀을 지키려 하였다. 그러나 아내의 헌신적인 사랑과 그의 초인적 의지로 결국 정신병을 극복하고 1994년도 노벨경제학상을 받게 된다. 다만 영화에서는 실제와 약간 다른 점도 꽤 있다.

존 내시의 대표적 업적인 내시 균형 이론은 게임이론에 있어서, 경쟁자의 대응에 따라 최선의 선택을 하고 나면 서로가 자신의 선택을 바꾸지 않는 균형 상태를 의미한다. 즉 상대방이 현재의 전략을 유지하면 자신도 지금의 전략을 바꾸지 않고 유지하는 상태에 있게 된다는 것인데, 이른바 '죄수의 딜레마(Prisoner's Dilemma)'와도 관련이 있다.

그의 이론은 수학과 경제학뿐 아니라 다른 분야에도 큰 영향을 미쳤고 세계의 정치, 군사, 경제 전략이나 무역 협상, 노동관계, 생물진화 이론 등에서 오늘날에도 중요하게 응용되고 있다. 심지어 한때 열풍을 몰고 온 암호화폐의 시스템이나 지향점이 과거 내시가 주장한 것들과 관련 있어 보인다는 견해도 있는데, 사토시 나카모토(中本哲史, Satoshi Nakamoto)라는 익명으로만 알려진 최초의 암호화폐 비트코인의 창시자가 존 내시가 아닌가 하는 추측도 한때 나돌았다.

비범하지만 괴짜 인생을 사는 수학자를 주제로 한 또 하나의 영화로서 〈굿 윌 헌팅(Good Will Hunting)〉'이 있다. 비범한 두뇌와 재능을 가졌음에도 불구하고 불우한 성장 환경 탓에 마음의 문을 굳게 닫고 사는 청년이, 자신을 이해해주는 참다운 스승을 만나서 인생이 변모하게 된다는 이야기를 감동적이고 훈훈하게 그린 영화이다.

윌 헌팅이라는 주인공 청년은 교수들도 쩔쩔매는 수학 문제를 단숨에 풀어버릴 정도로 천재적인 재능을 지닌 것으로 나온다. 영화에서 주인공의 천재성을 비유하면서 언급된 수학자로 라마누잔(Srinivasa Ramanujan, 1887-1920)이라는 이름이 나오는데, 그는 실존했던 인물이다.

라마누잔은 인도의 채식주의자 수학자로서, 비록 젊은 나이에 요절했지만 직관과 독창적인 방법으로 숱한 업적을 남겨서 지금도 인도인의 가슴속에 남아 있다. 오일러(Leonhard Euler, 1707-1783)나 가우스(Karl Friedrich Gauss, 1777-1855)에도 비견될 만한 천재 수학자 라마누잔의 극적인 인생과 그의 수학 세계에 대해 저술한 책 『수학이 나를 불렀다』가 국내에도 번역되어 나온 바 있다. 이 책의 원제였던 '무한대를 본 남자(The Man Who Knew Infinity)'는 같은 제목의 영화로도 선보인 바 있다.

〈이미테이션 게임(The Imitation Game)〉은 제2차 세계대전 중 암호해독기계 콜로서스(Colossus)를 발명하여 전쟁을 승리로 이끄는 데에 공헌한 영국의 수학자 앨런 튜링(Alan

Turing·1912-1954)에 관한 영화이다. 앨런 튜링이 만든 콜로서스는 에니악(ENIAC)보다 앞선 세계 최초의 컴퓨터라고 언급되기도 한다. 또한 그가 1950년에 제안한 기계나 컴퓨터가 진정한 인공지능을 갖추었는지를 판별하는 실험인 '튜링 테스트'는 인공지능기술이 나날이 발전하고 있는 오늘날 더욱 의미를 지닌다고 하겠다.

튜링은 영화에서처럼 나중에 동성애 범죄자로 몰려 결국 비극적인 자살로 생애를 마친 바 있다. 1966년에 그의 이름을 따서 제정된 튜링상(Turing Award)은 컴퓨터과학 분야에서 중요한 업적을 남긴 인물에게 해마다 수여되어 '컴퓨터과학의 노벨상'이라 불린다.

여러 영화에서처럼 괴짜였거나 극적인 인생을 살다 간 수학자들이 물론 적지 않다. 그러나 대부분의 영화가 수학자를 그저 괴짜로만 묘사하는 것은 그다지 바람직스럽지 않다고 여겨지며, 수학이나 수학자에 대한 대중의 편견을 지속시킬 우려도 있을 듯하다.

가우스의 소년 시절 업적인 정17각형 작도법을 의미하는
별모양 도형이 아래에 새겨진 가우스의 동상

10대 소년의 놀라운 발견들

역사적으로 큰 업적을 남긴 저명한 과학자들이 모두 천재적인 것은 아닐 것이나, 어릴 적부터 뛰어난 재능을 보인 인물들은 적지 않다. 이들 중에는 한창 배우기에도 바쁜 나이인 10대 무렵에 중요한 발견을 이룩한 경우도 많다.

어린 나이에 세상을 놀라게 한 업적을 이룩한 사람들을 보면, 특히 수학 분야가 두드러진다. 이들 중에서도 단연 으뜸인 인물은 '수학의 왕'이라는 별명으로 불리는 가우스(Karl Friedrich Gauss, 1777-1855)이다.

독일 브룬스빅에서 가난한 벽돌공의 아들로 태어난 가

우스는 어릴 적부터 수학에 뛰어난 재능을 보였던 것으로 알려져 있다. 수학 신동으로서 그가 일찍부터 세상을 놀라게 한 것은 초등학생 시절에 등차수열의 합의 공식을 깨우쳤다는 유명한 일화이다.

즉 1부터 100까지의 합을 구하라는 어려운 문제를 낸 선생님은 학생들이 끙끙거리면서 계산할 동안 느긋하게 다른 일을 하려 했으나, 소년 가우스가 단박에 답을 내놓는 바람에 크게 당황하였다. 오늘날 고등학교 수학 교과서에 나오는 등차수열의 합을 구하는 방법을 가우스는 불과 열 살의 어린 나이에 창안했던 것이다.

가우스가 어린 나이에 이룩한 또 하나의 유명한 업적은 바로 정17각형의 작도법을 알아낸 것이다. 12세 때부터 유클리드 기하학(Euclidean geometry)을 공부했다는 그는 고등학생 시절에 이미 여러 분야에서 자신의 독자적인 수학 영역을 개척하고 있었다. 눈금 없는 자와 컴퍼스만을 사용하는 유클리드 기하학에서 다각형의 작도 문제는 중요한 의미를 지니는데, 그전까지는 정3각형과 정5각형 외에 홀수 각의 다각형은 작도가 불가능한 것으로 여겨졌다.

그런데 가우스는 괴팅겐대학 재학 시절에 정17각형의

작도가 가능함을 대수적 방법으로 증명하였던 것이다. 기하학이 탄생한 고대 그리스 시대부터 거의 2000년에 이르는 세월 동안 숱한 쟁쟁한 수학자들도 해내지 못한 것을, 불과 19세의 대학생이 이루어냈으니 수학계는 발칵 뒤집힐 수밖에 없었다.

가우스는 이후 해석학, 기하학, 대수학 등 수학의 거의 전 분야에 걸쳐서 뛰어난 업적을 남겼고, 전자기학, 천체역학 등 물리학 분야에도 중요한 공헌을 하였다. 가우스는 자신의 숱한 업적 중에서도 대학생 시절에 이룩한 정17각형의 작도법을 자랑스럽게 생각했는지, 자신이 죽은 후 묘비에 정17각형을 남겨달라고 부탁하였다. 아르키메데스(Archimedes, BC 287?-212)나 자코브 베르누이(Jakob Bernoulli, 1654-1705)처럼 묘비에 본인의 수학적 업적이 새겨진 사례는 있었다. 그러나 정17각형은 원과 비슷하게 보일 것을 우려하여, 그 대신 그의 묘비에는 17개의 점으로 이루어진 별을 새겨 넣었고 동상의 밑부분에도 비슷한 것을 그렸다고 한다.

가우스만큼이나 어린 시절부터 탁월한 재능을 보인 수학자로는 프랑스의 갈루아(Evariste Galois, 1811-1832)가 있다.

그는 5차 방정식이 대수적으로 해법 불가능이라는 것을 증명한 인물인데, 비슷한 시기에 독자적으로 이를 증명한 수학자로서 아벨(Niels Henrik Abel, 1802-1829)도 있다. 요절한 두 수학자에 대해서는 앞에서 상세히 설명한 바 있다.

전자기학을 완성한 물리학자 맥스웰(James Clerk Maxwell, 1831-1879) 역시 10대 시절부터 뛰어난 재능과 업적을 보여서 주변을 놀라게 한 바 있다. 영국 스코틀랜드 지방의 부유한 지주 가문에서 태어난 그는 일찍부터 수학에서 탁월한 능력을 보였다. 즉 그는 14세의 어린 나이에 계란 모양, 찐빵 모양 등 여러 타원체를 그리는 방법에 대한 논문을 썼는데, 여유 있는 변호사로 활동하면서 영특한 아들의 교육에 관심이 많았던 맥스웰의 아버지는 에든버러대학의 교수인 친구에게 이 논문을 소개했다. 친구 아들의 수학 논문을 검토하던 교수는 기존의 수학자들보다 훨씬 창의적인 내용에 놀라 이를 왕립학회에 제출함으로써, 맥스웰의 난형곡선(卵形曲線)에 관한 논문이 널리 알려지게 되었다.

맥스웰은 훗날 앙페르(André Marie Ampère, 1775-1836), 패러데이(Michael Faraday, 1791-1867) 등이 일찍이 실험적으로 밝혀낸 전자기 관련 현상들을 유명한 '맥스웰 방정식'이라는 수학 공식으로 집대성하였는데, 어린 시절부터 출중하게 쌓아왔던 그의 수학적 능력이 밑바탕되었을 것이다. 다만 그가 19세기에 발표했던 맥스웰 방정식은 훨씬 복잡한 형태였고, 오늘날과 같은 간략한 네 개의 벡터방정식으로 정리된 것은 후대의 과학자들에 의해 이룩된 것이다.

10대 소년 시절에 중요한 발견을 한 이들은 대부분 훗날 뛰어난 수학자나 과학자가 되었지만, 반드시 그런 것만은 아니다. 과학자가 아닌 평범한 학생도 놀라운 발견을 한 경우가 있는데, 대표적인 사례가 '음펨바 효과(Mpemba Effect)'이다.

음펨바 효과란 같은 냉각 조건에서 높은 온도의 물이 낮은 온도의 물보다 빨리 어는 현상을 지칭한다. 일반 사람들의 상식과는 다른 과학적 사실이라 예전에는 다소 생소하게 여겨졌으나, 최근에는 대중매체에도 자주 등장하면서 비교적 잘 알려지게 되었다.

음펨바 효과는 탄자니아의 중학생이던 에라스토 음펨바(Erasto Barthlomeo Mpemba, 1950-)가 1963년에 처음 발견하였다. 그는 학교에서 조리 수업 중에 아이스크림을 만드는 실습을 하면서, 뜨거운 우유와 설탕을 넣은 혼합용액을 식히지 않은 채로 냉동고에 넣었다. 그런데 나중에 냉동고를 열어 보니, 충분히 식혀서 넣었던 다른 학생들의 것보다 자신의 것이 먼저 얼어서 아이스크림이 된 신기한 현상을 접한 것이다.

호기심이 생긴 음펨바는 실험을 반복하여 동일한 결과를 얻었고, 선생님과 친구들에게 이 사실을 알렸으나 그가 착각한 것으로 핀잔을 받았을 뿐이었다. 고등학교에 진학한 음펨바는 학교를 방문한 물리학자 오스본(Denis Gordon Osborne, 1932-2014)에게 자신의 실험에 대해 알렸고, 오스본 역시 그 이유를 정확히 알 수는 없지만 동일한 실험을 해 본 결과 음펨바의 이야기가 사실임을 알게 되었다. 오스본이 1969년 물리학 학술지에 이 연구 결과를 발표함에 따라, 발견자인 10대 소년의 이름을 딴 음펨바 효과는 널리 알려지게 되었다.

정확히 말하자면 뜨거운 물이 차가운 물보다 빨리 얼 수 있다는 사실을 역사적으로 음펨바가 사상 최초로 발견한 것은 아니다. 고대로부터 여러 철학자들이 이에 대한 기록을 남기고 관심을 가졌으나, 다만 이를 자연과학적 탐구 대상이라기보다는 철학적 문제로 보았다.

음펨바 효과를 일으키는 이유가 무엇인지 밝혀내려는 연구가 본격화되면서 이후 숱한 물리학, 화학 논문들이 발표되기에 이르렀다. 그러나 40년이 넘도록 정확한 원리는 밝혀지지 않은 채 여러 가설만 난무하였는데, 대체적으로 증발, 대류, 과냉각 현상으로 설명하면서 논란이 계속되었다.

그러다가 2013년에 싱가포르의 한 연구팀이 물 분자에 작용하는 공유결합과 수소결합의 상관관계를 통하여 음펨바 효과의 원인을 규명하였다고 발표하였다. 그 후로도 여러 관련 논문 발표와 후속 연구가 이어지고 있다.

한편 중학생 시절에 뜻밖의 발견으로 자연과학적 현상에 드물게 자신의 이름을 넣게 된 음펨바는 성인이 된 후 과학자의 길을 걷지는 않았고, 탄자니아에서 천연자원이나 관광, 야생동물 보호 등을 담당하는 정부 부서 및 관련 기구에서 일하다가 은퇴한 것으로 알려져 있다.

화학자들로 붐비는 리비히의 실험실을 묘사한 그림(1841년)

스승으로서의 과학자

과거이건 현재건 상당수의 과학자가 대학교수 등 '스승'의 위치에 있다. 오늘날에도 이공계 대학의 교수들은 연구를 잘하여 좋은 결과를 내는 것 못지않게, 학문의 후속 세대를 잘 양성하여 뛰어난 제자를 많이 배출하는 일 또한 중요한 역할과 보람으로 여겨진다. 역사적으로 스승으로서의 측면이 부각되던 과학자들의 면모를 살펴보겠다.

저명한 과학자의 스승으로서 먼저 떠올릴 만한 인물로는 19세기 최고의 실험물리학자 마이클 패러데이(Michael Faraday, 1791-1867)의 스승으로 알려진 험프리 데이비(Humphry

Davy, 1778-1829)를 꼽을 수 있다. 제자가 워낙 유명해지다 보니 그에게는 자신의 과학적 성과보다는 마이클 패러데이를 발견하여 과학계로 이끈 것이 최고의 업적이라고 이야기되기도 한다. 그러나 험프리 데이비 역시 영국왕립학회 회장을 역임한 당대 최고의 과학자로서 탄광용 안전등의 발명, 웃음가스인 아산화질소의 연구 및 전기분해 관련 연구 등 나름 여러 업적을 남겼다. 다만 데이비는 그다지 좋은 스승이 되어주지는 못했는데, 데이비와 패러데이에 대해서는 다음 글에서 상세히 언급하겠다.

독일의 과학자 리비히(Justus Freiherr von Liebig, 1803-1873)는 유기화학의 창시자라 불리며, 화학비료를 처음 발명한 화학자로 꼽힌다. 그는 암염 중의 염화칼륨 성분을 추출해서 칼륨비료로 사용했고, 동물의 뼈를 갈아 만든 골분에 황산을 섞어 제조한 과인산석회를 인산비료로 써서 메마른 땅에서 농작물을 수확함으로써 농민들을 놀라게 하였다. 생물체의 생장은 필요로 하는 성분 중 최소량으로 공급되는 양분에 의존한다는 '리비히의 최소량의 법칙'은 중고등학교의 과학 교과서에도 나와 있다.

그러나 리비히는 자신의 과학적 업적 못지않게 실험실

을 잘 운영하고 훌륭한 제자들을 많이 길러냄으로써, 과학 연구의 제도화에 크게 기여한 인물로도 중요한 위치를 차지하고 있다. 프랑스에서 유학한 후 21세의 젊은 나이에 독일 기센대학의 교수가 된 그는 실험 위주의 교육방식을 적용하여 실험실을 학생들에게 개방하고 그들이 제대로 연구할 수 있도록 최대한 배려하였다. 물론 그는 강의와 연구도 잘하였지만 학생들에게 일일이 간섭하기보다는 실험 지도 및 세미나 등을 통하여 학생들이 최신의 연구 성과를 접하고 스스로 올바른 연구 방향을 잡도록 도왔다.

당연히 그의 실험실은 크게 번창하여 학생들로 붐볐고, 이후 화학 발전에 크게 기여한 뛰어난 제자들을 다수 배출하였다. 콜타르에서 아닐린과 벤젠을 대량으로 제조할 수 있는 방법을 발견하여 인공염료의 탄생에 기여한 호프만(August Wilhelm von Hofmann, 1818-1892), 벤젠의 고리구조를 명확히 밝힌 케쿨레(Friedrich August Kekulé, 1829-1896)가 대표적이다. 그 밖에도 국내외에서 수백 명 이상의 화학자들이 그의 실험실을 거쳐감으로써 리비히의 실험실은 전문적인 화학자를 길러내는 기관으로 명성을 날렸다. 리비히는 글재주도 뛰어나서 독일 출신의 세계적 문필가였던 그림(Grimm)

형제에 빗대어 '화학계의 그림'이라 불렸고, 그의 저서는 오늘날까지 명저로 꼽힌다.

오늘날 대부분의 이공계 대학이 석박사를 배출하는 대학원 과정을 갖추고 있고, 교수가 자신의 연구실이나 실험실에서 대학원생들과 함께 연구하면서 논문을 지도하는 것은 전형적인 모습인데, 리비히가 그 선구자인 셈이다. 즉 리비히는 단순히 뛰어난 스승이었던 데에 그치지 않고, 화학 연구와 교육방식에 큰 변혁을 일으키면서 대학에서의 과학 연구를 '제도적으로' 정착시키는 데에 커다란 공헌을 한 것이다.

금막에 알파(α)선 입자를 충돌시키는 산란 실험을 통하여 원자핵의 존재를 처음 발견한 영국의 과학자 러더퍼드(Ernest Rutherford, 1871-1937)와 그의 스승 톰슨(Joseph John Thomson, 1856-1940) 역시 훌륭한 제자들을 여럿 배출한 뛰어난 스승 과학자로 꼽힐 만하다. 뉴질랜드 출신인 러더퍼드는 케임브리지대학에 유학하여 전자를 발견한 톰슨의 지도 아래 물리학을 연구하였고, 이후 케임브리지대학 교수를 지내면서 유능한 제자들을 여럿 길렀다. 중성자를 발견한 제임스 채드윅(James Chadwick, 1891-1974)이 러더퍼드의 제자로서, 그와 공동으로 연구를 한 적이 있다.

X선 산란에 관한 연구로 원자번호와 원자핵의 전하량 사이의 관계를 밝히는 '모즐리의 법칙'을 발견하여 노벨상 수상이 거의 확실시되었던 모즐리(Henry Moseley, 1887-1915) 역시 러더퍼드의 제자였다. 모즐리가 제1차 세계대전에 참전하여 전사하자 러더퍼드는 젊은 과학자들이 전쟁터가 아닌 연구 현장에 계속 몸담는 것이 나라에 더 도움이 된다는 점을 호소하여, 이공계 대체복무제가 탄생하는 계기를 마련했음은 앞에서 언급한 바 있다.

또한 톰슨과 러더퍼드가 연구소장을 지냈던 캐번디시연구소는 원자물리학 연구의 세계적 중심지로 자리를 잡아, 자신들을 포함하여 다수의 노벨상 수상자를 배출하기에 이르렀다.

19세기 최고의 실험물리학자로 꼽히는 마이클 패러데이

과학계의 청출어람

우리나라에서는 예로부터 제자가 스승을 능가하는 것이야말로 스승의 은혜에 진정으로 보답하는 것이라 하였고 '청출어람이청어람(靑出於藍而靑於藍)'이라고 비유한 고사성어도 있다. 과학자 중에서도 스승보다 뛰어난 업적을 남긴 이들이 적지 않다.

영국왕립학회 회장을 역임한 당대 최고의 과학자 험프리 데이비(Humphry Davy, 1778-1829)의 최대 업적이 제자인 마이클 패러데이(Michael Faraday, 1791-1867)를 발견한 일이라고 할 정도로, 패러데이는 청출어람의 대표적 사례로 회자된다. 그러나 데이비는 패러데이에게 끝까지 좋은 스승으로 남지는 못했고, 도리어 제자의 출세를 방해하는 속 좁고 못난 모습마저 보였다. 스승도 인간인 이상 제자가 자신을 앞지른 데에 대한 질투심을 이기지 못한 듯하다.

불우한 환경을 딛고서 자수성가하여 나중에 크게 성공한 사람들의 이야기가 감동을 주는 경우가 많은데, 과학자 중에서 가장 대표적인 사람을 꼽으라면 패러데이가 될 것이다. 1791년 런던 교외의 매우 가난한 집안에서 태어난 그는 정식 학교 교육을 거의 받지 못한 채, 제본공 등을 전전하면서도 과학에의 꿈을 버리지 않았다.

패러데이가 제본소에서 일할 무렵, 데이비는 영국 왕립연구소의 교수로서 일반인을 상대로 한 공개 화학 강의를 하고 있었다. 어느 날 제본소에 온 한 손님이 데이비의 공개 강의 입장권 몇 장을 패러데이에게 주었고, 평소 제본소에 맡겨진 책들을 읽으면서 나름대로 과학에 대한 흥미와 지식을 갖고 있던 그는 강의를 들으면서 노트하고 정서한 후 솜씨 좋게 책으로 만들어내었다.

패러데이는 자신이 손수 제본한 데이비의 강의 노트를 동봉하여 과학에 관련된 일을 하고 싶다고 호소하는 편지를 데이비에게 보냈고, 결국 데이비의 실험실 조교로 채용되었다. 잔심부름에 가까운 일들부터 시작했지만, 패러데이는 차츰 자신의 재능을 발휘해가기 시작했고, 데이비와 다른 교수들도 패러데이의 능력이 뛰어나다는 것을 알고 좀 더 수준 높은 일들을 맡기기도 하였다.

패러데이는 데이비의 연구를 도와서 탄광에서 이용하는 안전등의 발명에 힘이 되기도 하였으나, 이후 자신의 분야에서 차츰 업적을 쌓아갔다. 그 당시 패러데이가 관심을 가지고 연구하던 분야는 생석회의 분석, 염소의 액화, 벤젠의 발견 등 주로 화학 분야였다.

제자가 자신을 앞지르고 있다는 것을 느낀 데이비는 질투와 경계심을 더해갔는데, 자신이 발명한 안전등의 결점 몇 가지를 패러데이가 지적하자 몹시 자존심이 상하게 되었다. 또한 패러데이가 염소의 액화에 관한 중요한 논문을 1823년 왕립학회에 제출하자 데이비는 그 논문에 자신의 기여도가 충분히 반영되지 않았다면서, 그 실험에서 자신의 권고가 곳곳에 있었다는 것을 밝히는 주석을 제 손으로 첨가하였다.

곧이어 패러데이가 왕립학회의 회원으로 추천되자 데이

비의 질투는 극에 달했는데, 당시의 학회장이 바로 데이비였다. 데이비는 패러데이에게 스스로 사퇴하라고 강요했고 패러데이를 추천하는 사람들에게는 추천을 철회하라고 종용하였다. 그러나 결국 패러데이는 정식 추천되어 1824년 회원들에 의한 투표를 통하여 학회의 회원이 되었다. 그때 반대표는 단 한 표뿐이었다.

정식 과학교육을 거의 받은 적 없는 패러데이는 32세의 나이로 일류 과학자들과 어깨를 나란히 할 수 있게 되었으며, 그 후 전자기유도(패러데이의 법칙)의 발견, 발전기의 발명, 전기분해법칙의 발견 등 특히 전자기학에 관련된 수많은 중요한 발견들을 하여 19세기 최고의 실험물리학자로 꼽히고 있다.

'방사능을 연구한 과학자'라고 하면 대부분 퀴리 부인, 즉 두 차례나 과학 분야 노벨상을 받은 마리 퀴리((Marie Curie, 1867-1934)를 먼저 떠올릴 것이다. 그러나 퀴리 부인보다 앞서서 방사능에 관해 연구한 과학자는 앙리 베크렐(Antoine Henri Becquerel, 1852-1908)이며, 방사선을 최초로 발견한 것도 그의 업적이다.

방사능의 연구는 뢴트겐(Wilhelm Konrad Röntgen, 1845-1923)

에 의한 X선 발견이 계기가 되었다. 즉 1896년 과학아카데미 회의에서 뢴트겐의 X선 사진을 접한 베크렐은 X선을 내는 물질에 흥미를 가지고 연구를 하게 되었고, 여러 가지로 실험해보는 과정에서 우라늄 염이 검은 종이를 투과할 수 있는 빛을 낸다는 사실을 발견하였다. 그러나 그 광선은 X선이 아닌 다른 것임을 확인하였고, 그의 이름을 따서 베크렐선(Becquerel ray)이라고 부르게 되었다.

X선과는 또 다른 미지의 광선인 베크렐선의 정체를 온전히 밝힌 것은 퀴리 부부였다. 베크렐은 새로운 광선이 외부의 에너지원으로부터 비롯된 것이 아니라 우라늄 자체에서 지속적으로 나온다는 사실은 확인하였으나, 그것의 정확한 원리 등을 밝히는 연구는 그다지 진전시키지 못하였다.

퀴리 부부는 우라늄 외의 다른 물질에서도 베크렐선이 나오는지 확인하기 위하여 거의 모든 원소를 대상으로 실험하였고, 끈질긴 연구 끝에 베크렐선을 내는 새로운 원소인 폴로늄(Polonium)과 라듐(Radium)을 발견하였다. 따라서 우라늄 외에도 베크렐선을 내는 물질이 있음이 확인되면서 특정 물질이 빛과 에너지를 방출하면서 변환되는 현상을 '방사능(Radioactivity)'으로 지칭하게 되었다. 베크렐선이라는 명칭도 퀴리 부부에 의하여 방사선(Radioactive ray)이라고 새롭게 불리게 되었다.

퀴리 부인이 박사학위를 받은 당시에 지도교수가 베크렐이었으므로 두 사람은 스승과 제자 사이라고 볼 수 있다. 다만 데이비와 패러데이의 경우와 달리 아무런 질투나 갈등이 없었고 서로 존중하는 관계를 유지하였다. 또한 방사선의 발견 및 관련 연구로 베크렐과 퀴리 부부 세 사람은 1903년도 노벨물리학상을 사이좋게 공동으로 수상하였다.

제자가 스승의 잘못을 극복한 경우로서, 인도 태생의 미국 천체물리학자 찬드라세카르(Subrahmanyan Chandrasekhar, 1910-1995)의 사례가 있다. 항성에 관해 연구했던 찬드라세카르는 태양보다 약 1.4배 이상 무거운 질량을 가진 별은 진화 과정에서 백색왜성이 될 수 없다고 주장하였으나, 스승이던 에딩턴(Arthur Stanley Eddington, 1882-1944)은 그러한 주장을 받아들이지 않으면서 그와 갈등을 빚었다. 이른바 백색왜성의 질량한계에 관한 논쟁은 나중에 중성자별과 블랙홀의 예측 및 발견으로도 이어졌으므로, 천체물리학의 역사에서도 매우 중요한 의미가 있다.

그러나 찬드라세카르는 자신의 주장을 폈을 당시에 영국에 유학 온 식민지 인도 출신의 젊은이였던 반면에, 에딩턴은 1919년의 개기일식 관측에서 아인슈타인(Albert Einstein, 1879-1955)의 일반상대성이론을 입증하여 세계적 명성을 얻었고 영국 왕립천문학회의 회장까지 역임한 지도적 과학자였다. 에딩턴은 찬드라세카르를 조롱하며 면박마저 주었고, 끝까지 그의 주장이 옳지 않다고 생각하였다. 그러나 에딩턴이 사망한 후에 이른바 '찬드라세카르 한계(Chandrasekhar limit)'라는 그의 이론이 입증되어, 찬드라세카르는 파울러(William Alfred Fowler, 1911-1995)와 함께 1983년도 노벨물리학상을 받았다.

찬드라세카르가 미국 시카고대학 교수로 재직할 당시에, 그의 특강 과목을 수강 신청한 단 두 명의 대학원생을 지도하기 위하여 먼 거리를 오가면서 강의했다는 일화 또한 잘 알려져 있다. 그의 열정적인 지도를 받은 두 대학원생이 바로 중국 출신의 물리학자로 1957년도 노벨물리학상을 공동 수상한 양전닝(楊振寧, 1922-)과 리정다오(李政道, 1926-2024)로, 선생보다 앞서서 노벨상을 받았으니 역시 청출어람이라 하겠다.

연구 중인 리비히

학교에서 쫓겨난 과학기술자들

우리나라에서 교육 문제는 학부모뿐 아니라 거의 온 국민에게 가장 민감하고 뜨거운 문제가 될 수밖에 없었다. 역사상 저명한 과학기술자 중에는 물론 명문 학교 등지에서 좋은 교육을 받은 이들도 많지만, 그렇지 못했거나 심지어 여러 이유로 학교에서 쫓겨났던 인물들도 적지 않다.

발명왕 에디슨(Thomas Alva Edison, 1847-1931)이 어린 시절에 초등학교에 들어갔다가 엉뚱한 질문과 행동들을 계속해서 산만한 아이라는 말을 듣고 학교를 그만두었다는 일화는 그의 전기에서 빠짐없이 등장하는 대목이다. 학교를 대신했던 에디슨 어머니의 교육은 그가 훗날 위대한 발명가로 성장하는 데에 큰 영향을 준 듯한데, 어린 시절에 엉뚱한 언행을 일삼다가 학교에서 쫓겨난 과학기술자는 에디슨 외에 더 있다.

유기화학의 선구자 리비히(Justus Freiherr von Liebig, 1803-1873) 역시 마찬가지이다. 독일의 다름슈타트에서 태어난 그는 염료와 도료 제조판매업자인 아버지 덕분에 어린 시절부터 화학에 흥미를 느꼈다. 그는 초등학생 시절 아버지의 실험실에서 가져온 물질로 만든 장난감 화약이 교실에서 터지는 바람에 큰 소동이 일어났다고 한다.

“리비히, 너는 도대체 공부는 제대로 안 하고 그런 위험한 장난만 좋아하니, 자라서 뭐가 되려고 그러니?”라고 묻는 화난 선생님의 이야기에 “저는 커서 훌륭한 화학자가 되겠습니다”라고 큰소리로 대답해서 선생님과 학생들 모두 웃게 만들었다고 한다. 당시 독일에서는 학교에서 화학이라는 과목을 가르치지도 않았거니와, 화학자는 전혀 존경받는 직업이 아니었고 대부분 학생의 장래 희망은 정부의 관리가 되는 것이었다. 따라서 중요과목인 라틴어 등은 거의 공부하지 않고 화학실험에만 관심을 가진 리비히가

학교에서 괴짜로 여겨진 것은 당연했던 듯한데, 그는 이 폭발 소동으로 학교를 그만두게 되었다.

1820년에 아버지의 주선으로 본대학에 들어간 리비히는 이듬해에 화학교수 카스터너(Karl Kastner, 1783-1857)를 따라 에를랑겐대학으로 옮겼으나, 그곳에서도 불법적인 학생단체에 가입하였다는 혐의를 받고 퇴학당하고 말았다. 다행히 그를 아끼던 카스터너의 추천으로 프랑스 파리의 소르본대학에서 강의를 듣고 어린 시절부터 관심을 가졌던 폭약의 원리에 대한 논문을 발표했고, 이것이 주목을 끌어서 당시 유명한 과학자였던 게이뤼삭(Joseph Louis Gay-Lussac, 1778-1850)의 지도를 받을 수 있었다. 이후 리비히는 유기화합물의 조성과 분류를 밝혀내고 그것의 분해와 합성, 원소분석법 등을 발전시켰으며, 유기화학의 성과를 농업에 적용하여 여러 화학비료를 만드는 등 이론과 응용의 양면에 걸쳐서 숱한 업적을 남겼다.

리비히는 화학 연구에서도 많은 공헌을 했지만, 근대적인 실험실의 창설과 운영으로 뛰어난 제자들을 다수 길러내고 과학 교육과 연구 방식에도 큰 영향을 끼친 것은 앞에서도 언급한 바 있다. 학교에서 두 번이나 퇴학을 당했던 그가 위대한 스승이 된 것은 상당히 흥미로운 일이다.

청소년 시절 학교에서 쫓겨난 적이 있는 또 한 명의 저명 과학자로는 X선의 발견자인 뢴트겐(Wilhelm Conrad Röntgen, 1845-1923)을 꼽을 수 있다. 뢴트겐은 독일의 레네프라는 작은 마을에서 직물 생산업자의 외아들로 태어났다.

그는 고향에서 초등학교를 마친 후에, 어머니의 나라였던 네덜란드의 위트레흐트 기술학교에 다니던 중 뜻하지 않은 사건에 휘말리게 되었다. 장난꾸러기였던 같은 반 친구가 칠판에 선생님의 얼굴을 우스꽝스런 모습으로 그려놓았는데, 이를 보고 화가 많이 난 선생님으로부터 뢴트겐이 추궁을 당했던 것이다. 처음에 혐의를 두었던 뢴트겐이 부인하자 선생님은 범인이 누구냐고 다그쳤고, 그는 끝내 그것을 그린 친구의 이름을 말하지 않았다.

뢴트겐은 이 사건으로 급기야 학교에서 쫓겨났고, 졸업을 얼마 안 두고 퇴학 처분을 받은 그는 대학 진학에 큰 어려움을 겪었다. 다행히 스위스로 건너가 취리히 연방기술전문학교에 들어갔고, 나중에 취리히대학에서 박사학위를 받고 물리학자의 길을 걸을 수 있었다.

친구의 이름을 밀고하지 않았다고 해서 퇴학 처분까지

내린 당시 학교의 방침이 매우 비교육적이었다는 생각이 들지만, 한편으로는 뢴트겐의 의협심과 박애정신을 보여준 단면으로 이해할 수도 있다. 그 때문인지는 잘 모르겠지만, 뢴트겐은 X선을 발견한 후에도 그 권리를 독점하지 않고 공개한 '카피레프트의 선구자'가 되었다. 이에 대해서는 『발명과 발견의 과학사』에서 설명한 바 있다.

물론 꼭 카피레프트적인 관점에서라기보다는 학자가 돈벌이에 골몰하는 것은 온당하지 않다는 당시 과학자 사회의 분위기를 반영한 것인지도 모르겠지만, 뢴트겐의 여러 인간적인 측면도 그의 업적 못지않게 중요하게 조명할 필요가 있을 듯하다.

피뢰침의 발명자이자 미국 독립에도 크게 기여한 프랭클린

정치인으로서의 과학자

우리 사회에서 과학자와 정치가는 그다지 잘 어울리지 않는 조합으로 보는 경우가 아직 많은 듯하다. 즉 과학자는 정치 등 세속(?)의 일들과는 떨어져서 오로지 연구에만 전념해야 마땅하다는 편견을 여전히 지니고 있는 사람이 적지 않아 보인다. 언젠가 과학기술 분야 및 관련 사업에서 많은 업적을 쌓았던 인물이 대통령 선거에 출마하려 했을 때에, 당시 장관 한 분은 "아인슈타인이 미국 대통령이 되겠다는 것과 같다"라고 비유하며 과학자의 정치 참여를 비판한 적이 있다.

그런데 아인슈타인(Albert Einstein, 1879-1955)은 위대한 물리학자이기만 한 것이 아니라 이스라엘의 2대 대통령으로 추대되려 한 적도 있고, 반핵평화운동을 전개한 퍼그워시회의(Pugwash Conference)의 탄생을 주도한 대단히 '정치적인' 인물이기도 했다. 따라서 과학기술계의 공분을 산 현직 장관의 부적절한 발언은 대단한 무지와 편견의 소치였다고 하겠다.

역사적으로 보면 저명한 과학자 중에서 정치가, 행정가로서도 이름을 떨친 인물들이 적지 않으며, 정치적 격변기마다 상당수의 과학자가 중요한 역할을 하기도 하였다.

프랑스의 역사를 살펴보자면, 프랑스대혁명 전후로부터 나폴레옹(Napoléon I, 1769-1821) 시대를 거쳐 부르봉 왕정 복귀에 이르는 시기는 프랑스에서 정치적, 사회적 격변기일 뿐 아니라 과학기술 부문에서도 커다란 변혁이 있던 중요한 시기이다.

위대한 화학자 라부아지에(Antoine Laurent de Lavoisier, 1743-1794)가 자코뱅 급진파에 의해 '시민의 적'으로 몰려 단두대의 이슬로 사라지는 일이 있었는가 하면, 미터법의 제정에 힘입은 도량형의 통일, 전문 과학기술교육기관인 에콜폴리테크니크의 설립 등 교육제도의 개혁, 군사기술을 포함한 여러 기술 분야의 급속한 발전 등 주목할 만한 변화들이 매우 많다.

특히 이 시기에 수많은 프랑스의 과학자, 수학자가 대혁명에 적극 참여하였고, 이후 나폴레옹 정부에서 중요한 역할을 수행한 바 있다. 열전도 이론과 푸리에 급수로 유명한 수리물리학자 푸리에(Jean Baptiste Joseph Fourier, 1768-1830), 화법기하학의 창시자 몽주(Gaspard Monge, 1746-1818), 수학자이자 군인이던 카르노(Lazare Nicolas Marguerite Carnot, 1753-1823)가 대표적인 인물이다.

특히 몽주는 수학의 제도화에 큰 공헌을 하였고, 나폴레옹 시대에 그의 핵심 과학 참모 역할을 했던 중요한 인물이다. 1746년 프랑스의 한 시골 읍에서 가난한 행상의 아들로 태어난 몽주는 공병사관학교에 진학하여 입체를 몇 개의 평면에 투영하여 표현하는 화법기하학을 고안하였고, 그 능력을 인정받아 이후 공병학교의 조교수로 채용되고 파리 과학아카데미의 회원이 되었다.

1789년 프랑스대혁명이 일어나자 그는 곧 자코뱅당에 가입하여 혁명에 열렬히 참여하였고, 혁명정부와 나폴레옹 정권 아래에서 해군장관, 에콜 폴리테크니크 교장을 지냈다. 그는 나폴레옹이 몰락한 후에 공직에서 추방되고도 끝까지 나폴레옹에게 충성을 다했다고 한다.

카르노 역시 나폴레옹 정부 아래에서 육군장관, 내무장관을 지내면서 중요한 역할을 했는데, 나폴레옹 정권이 끝나고 왕정이 복고된 후 역시 추방되어 독일에서 망명 생활을 하였다. 열역학에서 '카르노 사이클'로 유명한 사디 카르노(Nicolas Leonard Sadi Carnot, 1796-1832)가 그의 아들이다.

혁명정부와 나폴레옹에 끝까지 충성을 하고 지조를 잃지 않은 몽주와 카르노와는 달리, 라플라스(Pierre Simon de Laplace, 1749-1827)처럼 왕정복고 이후 변절한 인물도 있다. 뉴턴(Isaac Newton, 1642-1727)의 고전역학을 계승, 발전시켜 흔히 '프랑스의 뉴턴'이라고도 불리는 라플라스는 나폴레옹 정권에서 내무장관, 상원의원 등 요직을 역임하였다. 그러나 나폴레옹이 라이프치히 전투에서 패하고 유럽동맹군이 파리로 입성하자 그는 재빠르게 나폴레옹의 퇴위에 찬성하였다. 이후 부르봉 왕조가 부활하자 라플라스는 루이 18세(Louis XVIII, 1755-1824)의 무릎 아래 엎드려 충성을 맹세하고 높은 지위를 유지하였으나, 그의 변절과 배반은 후세 사람들의 비판을 받고 있다.

프랑스는 1789년의 대혁명을 비롯해서 19세기 후반까지도 지속적으로 혁명과 변혁을 거친 나라라서 그런지 대혁명기의 수학자, 과학자 외에도 정치적 활동을 한 과학자들이 많은 편이다.

아라고(Dominique François Jean Arago, 1786-1853) 역시 정치가로서 많은 족적을 남긴 프랑스의 과학자이다. 에콜 폴리테크니크에서 공부한 그는 편광의 연구, 맴돌이전류 현상의 발견 등 광학과 전자기학 분야에서 많은 업적을 남겼고, 그에 앞서 지구 자오선의 길이 측정을 위한 원정대장을 맡아서 미터법의 제정에 크게 공헌하였다.

그는 정치적으로는 열렬한 공화주의자로서 1830년 7월 혁명 이후 하원의원이 되었고, 1848년의 2월혁명에도 깊숙이 관여하여 육해군 장관에 올랐으나, 1852년 나폴레옹 3세(Napoléon III, 1808-1873)의 쿠데타로 실각하였다.

퀴리 부인의 사위인 프레데리크 졸리오-퀴리(Jean Frédéric Joliot-Curie, 1900-1958)는 제2차 세계대전 당시에 나치 치하의 프랑스에서 레지스탕스 활동을 벌인 바 있다. 노벨상까지 받은 저명한 과학자가 위험을 무릅쓰고 그런 일을 했다는 것이 쉽게 믿기지 않을 정도이다. 또한 그는 전후에 프랑스의 과학 장관, 원자력 장관을 역임하면서 행정가로도 중요한 역할을 하였다.

미국인 중에서 과학자이면서 저명한 정치가였던 대표적 인물로서, 피뢰침의 발명자이자 미국의 독립에도 크게 기여한 벤저민 프랭클린(Benjamin Franklin, 1706-1790)을 들 수 있다. 그는 1706년에 보스턴에서 양초와 비누를 만들어 파는 조그만 가게를 운영하던 집안에서 태어나 정규 교육도 그다지 받지 못하였다.

그러나 프랭클린은 1752년 연날리기 실험을 통하여 번개와 전기의 방전은 동일하다는 사실을 입증하고 피뢰침을 고안하였다. 그뿐만 아니라 효율 높은 난로, 사다리 의자, 다초점 안경 등 유용한 물건을 다수 발명하였고, 지진의 원인을 연구하는 등 다른 자연과학 분야에도 기여하였다.

그는 영국에 파견되어 식민지에 부과한 인지세법을 철폐하고 미국 독립선언서를 기초하는 등 미국의 독립에 앞장서 중요한 역할을 했던 사실이 잘 알려져 있다. 또한 프랭클린은 신문사를 경영하기도 했고, 저술가이면서 다양한 교육문화 활동을 펼친 바 있다. 따라서 그를 단순히 '과학자 출신의 정치가'라고만 규정짓는 것은 적절하지 않을 수 있다. 그러나 그를 평생 과학을 연구, 존중하면서 자유를 사랑하고 실천한 지식인으로 본다면, 오늘날의 과학자들에게도 시사하는 바가 클 것이다.

현대사회에서는 과학기술의 발전을 위해서라도 정치권의 역할이 중요할 수밖에 없는데, 이제 우리나라에서도 '과학은 정치와 멀수록 바람직하다'는 그릇된 편견이 불식되기를 기대해본다.

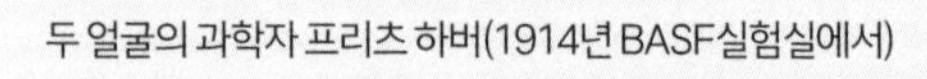

두 얼굴의 과학자 프리츠 하버(1914년 BASF실험실에서)

두 얼굴의 과학자 하버

"과학에는 국경이 없지만, 과학자에게는 조국이 있다." 프랑스의 저명한 과학자 루이 파스퇴르(Louis Pasteur, 1822-1895)의 말이다. 과학자가 자신의 조국을 위해 일하는 것은 당연한 일이겠지만, 그로 인하여 전쟁 시에는 전범으로 몰리기도 한다. 특히 두 차례나 세계대전을 일으켰던 독일에는 전범 논란이 있는 과학자가 적지 않다.

독가스를 개발한 화학자 프리츠 하버(Fritz Haber, 1868-1934)가 대표적이다. 그런데 하버는 질소 비료의 원료가 되는 암모니아의 합성법으로 인류를 식량난의 위기에서 구해준 인물이기도 하다.

'비료의 3요소는 무엇인가?'라 묻는다면 '질소, 인, 칼륨'이라고 바로 답할 수 있을 것이다. 화학비료를 처음 발명한 사람은 유기화학의 창시자 리비히(Justus Freiherr von Liebig, 1803-1873)인데, 그는 여러 화학물질로부터 칼륨비료와 인산비료를 제조하였다. 그 후 이 두 가지 화학비료는 그다지 어렵지 않게 만들 수 있었으나, 질소비료만은 인공적으로 제조할 수 없었고 남아메리카의 칠레에서 주로 나는 칠레초석이 천연 질소비료로 널리 쓰였다. 칠레초석의 주성분인 질산나트륨으로부터 식물에 필요한 질소 성분을 얻는 것이었는데, 유럽 각국의 농토에는 먼 남아메리카에서 수입된 칠레초석을 원료로 한 비료가 많이 뿌려졌다.

그런데 매년 엄청난 양이 필요했던 칠레초석도 무진장한 자원은 아니었기 때문에 머지않아 고갈될 것은 자명했다. 따라서 유럽 각국은 칠레초석이 바닥날 경우 심각한 대기근이 올 것이라 우려했고, 과학자들은 그 대안으로 공기 중 질소에서 인공적으로 질소비료를 합성하는 방법을 속히 찾을 것을 제시하였다. 공기 성분의 80퍼센트를 차지하지만 그전까지 아무 쓸모없는 '죽은 공기'로만 여겨지던

질소가, 인류를 먹여 살리는 귀중한 자원이 될 수 있다는 것이었다.

질소를 고정하는 방법을 연구하는 과학자 중에 독일의 프리츠 하버가 있었다. 카를스루에 공과대학 교수로 일하던 그는 1908년 질소와 수소로 암모니아를 합성하는 이론을 발표하였다. 암모니아로부터 질산을 만들 수 있는 방법은 오스트발트(Wilhelm Ostwald, 1853-1932)에 의해 이미 제시되었으므로, 암모니아를 대량으로 합성할 수 있다면 질소 비료 문제가 해결되는 셈이었다. 그러나 반응조건이 당시로서는 구현이 쉽지 않은 고온, 고압을 요구하였기 때문에 실용화가 쉽지 않았다.

암모니아의 대량생산에 도전한 사람은 당시 독일 최대의 화학회사였던 바스프(BASF)의 기술자 칼 보슈(Karl Bosch, 1874-1940)였다. 바스프는 하버의 암모니아 합성법 특허를 구입하였고, 보슈를 비롯한 바스프의 기술진은 하버 교수와 함께 실용화를 위한 공정개발에 나섰다. 처음에는 숱한 어려움과 위험이 있었으나 공정을 개선하고 좀 더 값싼 촉매를 찾으면서 제조 효율을 높이려 수많은 실험을 계속한 끝에, 1913년 9월에 드디어 실용적인 암모니아 합성에 성공하였다. 화학 교과서에도 소개되었듯이, 이러한 암모니아 합성법은 그들의 이름을 따서 '하버-보슈법(Haber-Bosch process)'이라 불린다.

그러나 하버와 보슈의 암모니아 합성 성공 직후인 1914년 7월, 전 유럽은 제1차 세계대전의 포화에 휘말린다. 영국, 프랑스를 비롯한 연합군은 해상봉쇄를 통하여 칠레초석이 독일로 들어가지 못하도록 철저히 막았다. 칠레초석은 질소비료의 원료일 뿐 아니라, 화약을 만드는 데에도 쓰였으므로 전쟁 시 매우 귀중한 자원이었기 때문이다.

따라서 연합군 측에서는 화약의 원료가 바닥난 독일이 오래 버티지 못하고 곧 항복할 것이라고 생각하였다. 그러나 놀랍게도 독일은 전투에서 충분한 화약을 쓰면서 4년간이나 전쟁을 지속하였다.

1918년 전쟁이 연합군의 승리로 끝나고 독일의 주요 시설이 연합군에 접수된 후 그 비밀이 풀렸다. 카이저빌헬름 물리화학·전기화학연구소 소장으로 일하던 하버가 독일 군부의 요청으로 암모니아로부터 질산을 제조하여 화약의 원료로 제공했던 것이다. 아울러 암모니아로부터 질소비료도 만들 수 있었기 때문에 독일은 예상보다 오랫동안 버틸

수 있었다.

하버는 제1차 세계대전 중에 전쟁무기 연구에도 적극적으로 뛰어들었다. 염소(Chlorine)로 치명적인 독가스를 개발하여 화학무기로 쓰는 것이었는데, 그는 장교 계급장을 달고 전선에서 이를 사용하는 전투에도 직접 참가하였다. 하버는 전쟁 중에 과학자가 조국을 위해 연구하는 것은 당연하며, 그것이 총포를 개발하는 일이든 독가스를 개발하는 것이든 아무런 차이가 없다고 스스로를 합리화하였다. 이에 대해 하버의 첫 아내이자 동료 과학자였던 클라라(Clara Helene Immerwahr, 1870-1915)는 과학의 타락이자 학문을 오염시키는 야만적 행위라며 강하게 비판하였다.

물론 독가스를 하버가 사상 최초로 만든 것은 아니고, 처음으로 독가스를 개발한 인물로는 고대 중국 춘추전국시대 제자백가 중 하나인 묵자(墨子)가 꼽힌다. 즉 소가죽으로 만든 풀무를 화로에 연결하여, 말린 겨자나 독한 식물을 불태워서 생기는 연기를 적군에게 날리거나, 냄새가 지독한 분뇨를 활용하는 방식 등이 묵경(墨經)에 실려 있다. 그러나 근대적 화학지식을 활용하여 전쟁 무기로서 독가스를 제조한 사례는 예전에는 없었다.

1915년 4월 벨기에 전선에서 하버가 개발한 독가스가 실제 사용되어 수천 명의 프랑스군 사상자가 발생했고, 이 소식을 들은 클라라는 남편인 하버와 자주 다툰 끝에 그의 권총으로 자살하고 말았다.

하버는 화학반응에서의 열역학 연구와 암모니아 합성법 발견의 공로로 1918년도 노벨화학상 수상자로 선정되었다. 그러나 각국의 수많은 과학자가 반발하였다. 독일의 입장에서 보면 하버는 헌신적이고 애국적인 과학자였겠지만, 연합국 측에서 보면 적국의 전쟁을 도운 '전범'이었다.

많은 사람이 하버를 반인도주의적 범죄자라 비난했고, 특히 독가스 개발과 살포에 앞장섰던 것은 결코 용납할 수 없는 행위라고 주장하였다. 심지어 다른 노벨상 수상자는 전쟁이 끝난 후 열린 시상식에 참석을 거부하기도 하였다.

하버는 이러한 비판에도 아랑곳하지 않고 전쟁 후 독일의 부흥을 위한 여러 연구에 혼신의 힘을 쏟았다. 그런데 1933년 나치가 정권을 잡은 후 모든 유태인의 공직 취임이 금지되었고, 하버의 연구소에서도 수많은 유태인 과학자가 탄압을 받고 쫓겨났다. 나치 정권은 예전의 공로를 고려해서인지 유태인인 하버에게만은 예외를 인정하겠다고 했으나, 하버는 동료들과 차별대우를 받기 싫다고 항의하면서 연구소장직을 사임할 뜻을 밝혔다. 하버는 영국으로 건너갔고, 이듬해인 1934년 여행 도중 스위스에서 심장마비로 세상을 떠났다.

질소를 고정하는 암모니아 합성법으로 '공기에서 빵을 만들어낸 과학자'라 칭송받는 동시에 '독가스의 아버지'라 비판받기도 한 하버의 행적은 오늘날까지도 논란이 되고 있다.

하이젠베르크(왼쪽)와 닐스 보어(1934년)
ⓒ Fermilab

하이젠베르크는 핵개발을 고의로 지연시켰을까?

독일의 물리학자 베르너 하이젠베르크(Werner Karl Heisenberg, 1901-1976) 역시 뛰어난 업적과는 별도로 여러 석연치 않은 행적으로 그동안 논란이 되었다. 그가 제창한 '입자의 위치와 운동량을 모두 정확하게는 알 수 없다'는 불확정성의 원리는 양자역학의 토대가 되면서, 기존 거시세계에서 적용되던 고전역학의 한계를 극복하고 새로운 미시세계 물리학의 길을 열어주었다. 그는 26세에 독일 라이프치히대학 물리학과 정교수로 부임하면서 독일 전체에서 최연소 교수가 되었고, 1932년에는 양자역학의 확립에 기여한 공로로 31세의 젊은 나이로 노벨물리학상을 거머쥐었다.

그런데 1933년에 나치정권이 등장하면서 하이젠베르크의 연구와 인생 행로에도 굴곡이 지게 되었다. 히틀러(Adolf Hitler, 1889-1945)는 다른 분야뿐 아니라 독일의 과학에, 나아가서는 세계 과학계 전체에도 커다란 오점과 상흔을 남겼다. 히틀러 치하에서는 과학 역시 '게르만 민족의 우수성'을 증명하기 위한 정치적 목적으로 왜곡되고 변질되었는가 하면, 수많은 과학자가 여러 가지 이유로 온갖 고초를 겪어야 했다. 20세기 최고의 과학자로 꼽히는 아인슈타인(Albert Einstein, 1879-1955)의 상대성이론이 '유태인 과학의 졸작'으로 매도되고 배척을 받은 것은 잘 알려져 있다.

나치정권은 하이젠베르크의 노벨물리학상 수상을 독일 민족의 우수성을 선전할 절호의 기회로 삼고, 히틀러와의 연대를 공식적으로 서약할 대규모의 환영 행사를 제안하였다. 그러나 하이젠베르크가 끝내 행사에 불참하자 그는 아인슈타인의 잔당으로 매도되었고, 그의 양자역학 역시 일거에 졸작으로 비판받았다. 그는 나치로부터 '백색 유태인'이라는 인신공격마저 받았다.

아인슈타인, 막스 보른(Max Born, 1882-1970)과 같은 나치

정권의 박해를 받은 유태인 과학자들을 포함하여, 히틀러에 반대하는 수많은 독일 또는 유럽의 과학자가 미국 등지로 망명 길을 떠났다. 그중에는 후에 미국 정부가 원자폭탄을 개발하는 맨해튼 프로젝트(Manhattan Project)를 시작하자 적극적으로 참여한 사람도 많았는데, 엔리코 페르미(Enrico Fermi, 1901-1954), 에드워드 텔러(Edward Teller, 1908-2003)가 대표적이다.

하이젠베르크 역시 여러 차례 망명 권유를 받았지만 끝내 독일을 떠나지 않고 남았다. 그의 자서전 격으로 국내에도 오래전에 번역본이 나온 『부분과 전체』에는, 미국에 망명해 있던 페르미와 이 문제에 관련된 대화를 나누는 대목이 실려 있다. 하이젠베르크는 "사람은 누구나 특정한 주위 환경과 언어와 사고영역에서 태어나 어릴 적에 그곳을 떠나지 않는 이상, 거기에서 가장 적절하게 성장하고 가장 능률적으로 일할 수 있다"라고 하였다. 그리고 전쟁 후에 독일의 과학을 재건하기 위해 뜻있는 젊은이들을 모으기 위해서라도 자신이 조국을 등질 수 없다고 언급하였다. 어찌 보면 변명이나 모순처럼 보일지 모르지만, 하이젠베르크는 자신의 입장을 피력했던 셈이다.

그는 좋든 싫든 히틀러에게 협조할 수밖에 없었으며, 제2차 세계대전이 일어난 후 카이저빌헬름 물리학연구소 소장이 되어 독일의 원자폭탄 제조 계획을 총괄 지휘하게 되었다. 그러나 독일의 '우라늄 계획'은 결국 성공하지 못했고, 잘 알려진 대로 맨해튼 프로젝트를 성공시킨 미국이 원자폭탄을 실전 투하하고 제2차 세계대전은 종료되었다.

전쟁이 끝날 무렵 전범으로 몰린 하이젠베르크는 다른 독일 과학자들과 함께 체포, 구금되어 영국 모처에서 연합군에 의해 조사를 받았다. 그러나 하이젠베르크가 일부러 원자폭탄 개발을 태업했기 때문에 독일이 원자폭탄을 만들 수 없었다는 동료 과학자들의 변호가 받아들여져 풀려날 수 있었다.

그가 독일의 원자폭탄 개발을 고의적으로 지연시켰다는 얘기가 과연 사실인지는 그동안 크게 논란이 되어왔다. 또한 만약 그렇지 않다면 먼저 핵 개발에 착수한 독일이 왜 끝내 원자폭탄을 만들지 못했는지 역시 미스터리로 남으면서, 여전히 여러 상반된 견해가 제각각 나오고 있다. 나치독일이 핵무기를 갖지 못한 것이 과연 하이젠베르크를 비롯한 양심적인 과학자들의 은밀한 방해와 사보타주 때문이었는지 정확히 확인하기는 어려울 것이다.

그러나 나의 개인적 생각으로는 하이젠베르크가 원자폭탄을 일부러 안 만들었다기보다는 '못' 만들지 않았을까 싶기도 하다. 즉 하이젠베르크를 비롯한 독일의 핵 개발팀은 이론물리학자들이 주도했기에, 이론뿐 아니라 고도의 실험적, 기술적 능력이 요구되는 원자폭탄 제조에는 역부족이었으리라 생각된다. 더구나 하이젠베르크는 대학원 시절 박사학위 자격을 위한 종합시험에 포함된 실험과목 점수가 거의 낙제였다는 이야기가 있을 정도로 실험에는 크게 서툴렀다. 그의 이론적 능력을 높이 평가했던 지도교수가 힘을 써서 간신히 박사학위를 받았을 정도였던 것이다.

물론 미국의 맨해튼 프로젝트를 지휘하였던 오펜하이머(Robert Oppenheimer, 1904-1967) 역시 이론물리학자 출신이었으나, 탁월한 리더십으로 여러 과학자의 연구를 잘 조직화하고 문제점들을 해결하여 결국 프로젝트를 성공으로 이끌었다. 무엇보다 실용적 측면을 중시하는 미국의 과학기술 풍토와 아울러 산업적, 군사적 수준에서 미국이 독일을 압도하였기에 원자폭탄을 먼저 만들 수 있었을 것이라 여겨진다.

원자폭탄의 개발을 둘러싼 하이젠베르크의 행적에 관한 미스터리는 영국의 극작가 마이클 프레인(Michael Frayn, 1933-)에 의해 〈코펜하겐(Copenhagen)〉이라는 유명한 연극으로 제작되어 조명된 바 있다. 이 연극은 하이젠베르크가 예전의 스승이자 동료였던 덴마크의 물리학자 닐스 보어(Niels Henrik David Bohr, 1885-1962)를 만나기 위해, 1941년 9월에 코펜하겐을 비밀리에 방문했던 사건을 소재로 하고 있다.

하이젠베르크가 원자폭탄에 대해 언급하자 보어는 크게 화를 냈고, 절친했던 사이가 이후 틀어진 두 사람은 끝까지 화해하지 못했다고 전해진다. 그러나 거기서 구체적으로 어떤 대화가 오가고 무슨 일이 벌어졌는지, 하이젠베르크가 무슨 목적으로 과거의 스승이자 당시 점령국의 시민이던 보어를 찾아갔는지는 정확히 알려지지 않았다.

연극의 제목인 〈코펜하겐〉은 보어가 주로 활동했던 곳인 덴마크의 수도이자, 양자역학의 표준 해석인 이른바 '코펜하겐 해석(Copenhagen interpretation)'을 상징한다고 볼 수 있다. 이는 확률적 해석을 주된 내용으로 한 양자역학의 수학적 서술과 실재 세계의 관계에 관한 해석으로서 보어와 하이젠베르크, 보른, 디랙(Paul Adrien Maurice Dirac, 1902-1984) 등이 함께 연구하고 토론한 결과 정립된 것이다. 코펜하겐 해석은 오늘날까지 정설로 인정되고 있으며, "신은 주사위 놀이를 하지 않는다"며 확률적 해석에 끝까지 반대한 아인슈타인(Albert Einstein, 1879-1955)의 주장은 받아들여지지 않고 있다.

그날의 사건 및 세상에 대한 해석을 보어의 상보성 원리와 하이젠베르크의 불확정성 원리 등을 동원하여 '양자역학'적인 기법으로 보여준다는 연극 코펜하겐은 세계 각국에서 공연되어 호평을 받았고, 우리나라에서도 몇 차례 공연된 바 있다.

수소폭탄의 아버지라 불리는 에드워드 텔러

원자폭탄과 수소폭탄의 아버지들

2023년에 국내에서도 개봉된 크리스토퍼 놀란(Christopher Nolan, 1970-) 감독의 영화 〈오펜하이머(Oppenheimer)〉는 과학기술자 및 이공계 학생들 사이에서도 큰 관심과 인기를 모은 바 있다. 제2차 세계대전 중에 미국의 맨해튼 프로젝트(Manhattan Project)를 주도한 물리학자 로버트 오펜하이머(Robert Oppenheimer, 1904-1967)에 대한 전기적 성격의 영화로, 원자폭탄의 개발 과정 및 그 사용을 둘러싼 과학자들의 고뇌 그리고 당시 미국의 시대적 상황 등을 잘 그려냈다는 호평을 받았다.

맨해튼 프로젝트를 통하여 개발된 최초의 핵무기인 원자폭탄이 제2차 세계대전 말에 일본에 투하되어 엄청난 인명피해를 낸 사실은 잘 알려져 있다. 전쟁 후에는 수소폭탄이 개발되고 실험되었는데, 미국의 수소폭탄 개발은 헝가리 출신의 미국 물리학자 에드워드 텔러(Edward Teller, 1908-2003)가 주도하였다.

'원자폭탄의 아버지'라 불리는 오펜하이머는 뛰어난 물리학자였을 뿐만 아니라 과학행정가로서도 탁월한 능력과 리더십을 보였다. 연구개발을 효과적으로 조직하고 수많은 과학자를 잘 이끌었으며, 위계적 군부 문화와 개방적인 과학자 문화 간의 갈등을 방지하고 균형과 조정을 이루어내었다. 원자폭탄을 개발하는 과정에서 부딪히는 기술적 불확실성과 위기에 대처한 능력 또한 뛰어나서, 결국은 극비리에 원자폭탄을 제조하는 데에 성공하였다.

그러나 일본에 투하된 원자폭탄으로 수많은 인명의 희생을 목도한 그는 큰 충격을 받았고, 이후에 심한 죄책감에 시달렸다. 오펜하이머는 "나는 이제 세계의 파괴자, 죽음이 되었다"는 힌두교 성전의 한 구절을 읊조리는가 하면, 트루먼(Harry Shippe Truman, 1884-1972) 대통령을 만나는 자리에서 "각하, 제 손에서 피가 흐르고 있습니다"라고 말해 트루먼으로부터 비난을 받았다고도 한다.

따라서 오펜하이머가 전후에 추진된 수소폭탄 개발에 반대했던 것은 당연한 귀결이었다. 그는 당시 미국 사회에 불어닥친 극단적 반공주의, 즉 매카시즘의 분위기에서 한때 구소련의 첩자로까지 몰려 적지 않은 곤욕을 치렀다.

맨해튼 프로젝트에 참여한 물리학자 중 에드워드 텔러라는 인물이 있었다. 텔러는 수소폭탄 개발을 반대해온 오펜하이머와 갈등과 불화를 빚었고, 스파이 의혹을 받던 오펜하이머에 관한 청문회에서 그에게 불리한 발언마저 서슴지 않았다.

'수소폭탄의 아버지'라 불리는 텔러는 맨해튼 프로젝트 당시에도 원자폭탄 방식보다는 열핵폭탄, 즉 핵융합을 이용한 수소폭탄 개발에 관심이 많았으나, 당시로서는 기술적 어려움이 너무 많았으므로 결국 원자폭탄이 먼저 개발되었다.

같은 핵무기이지만 원자폭탄과 수소폭탄은 원리가 약간 다르며, 수소폭탄이 원자폭탄보다 훨씬 큰 위력을 지닌다. 원자폭탄은 우라늄 또는 플루토늄의 원자핵을 분열시키는 과정에서 에너지를 얻는데, 핵분열의 연쇄반응을 고속으로 진행시켜 막대한 에너지를 한꺼번에 방출시키도록 한 것이다.

수소폭탄은 핵분열이 아닌 핵융합을 이용한 것으로서, 예를 들어 이중수소와 삼중수소가 고온에서 반응하면 헬륨의 원자핵으로 융합되면서 역시 막대한 열과 에너지가 분출된다. 그러나 핵융합에 이를 정도의 고온을 순식간에 내려면 원자폭탄의 에너지를 쓸 수밖에 없으므로, 수소폭탄은 원자폭탄을 방아쇠로 이용하는 열핵무기 또는 핵융합무기인 셈이다.

맨해튼 프로젝트에도 함께 참여했던 폴란드 출신의 수학자 스태니슬로 울람(Stanisław Marcin Ulam, 1909-1984)으로부터 원자폭탄의 핵분열 에너지를 핵융합의 기폭제로 쓸 수 있다는 구상을 들은 텔러는 수소폭탄 개발의 총책임자가 되어 연구와 제조에 박차를 가하였다. 결국 이른바 '텔러-울람' 설계를 바탕으로 한 최초의 수소폭탄 아이비 마이크(Ivy Mike)가 완성되었고, 1952년 태평양 마셜 제도에서 폭발실험이 이루어졌다.

한편 인도에서도 핵폭탄의 아버지라 불릴 만한 인물이

있었으니, 압둘 칼람(Abdul Kalam, 1931-2015)이 그 주인공이다. 1931년 인도의 가난한 집안에서 태어난 그는 친구 아버지의 도움으로 학교를 마치고 마드라스 공과대학에서 항공공학을 전공했다. 칼람은 인도의 첫 인공위성 발사 및 핵무기를 실을 수 있는 미사일 개발 계획을 성공적으로 수행하였고, 인도 정부가 독자적으로 핵무기를 개발하고 실험하도록 강력하게 주장하였다.

특히 그가 인도 과학자문위원장을 맡고 있었던 1998년에 전격적으로 행해진 인도 최초의 수소폭탄 실험은 세계를 깜짝 놀라게 했을 뿐 아니라, 미국조차 미리 눈치를 채지 못했을 정도로 은밀히 연구가 진행되었다. 그는 인도는 수억 인구를 지닌 큰 나라답게 사고하고 행동해야 하며 작은 나라처럼 행동해서는 안 된다는 신념을 지니고 있었고, '인도에 꿈을 가르쳐준 인물'로도 유명하다. 하지만 인도 청소년들에게 항상 강조했던 압둘 칼람의 그 꿈이 결국 가공할 핵무기의 개발로 귀결되어 매우 씁쓸한 느낌이 든다.

확실한 수소폭탄 실험이었는지 논란이 일기도 했으나, 칼람은 그 후 2002년부터 2007년까지 5년간 인도의 제11대 대통령으로 재직한 바 있다. 총리가 정치적 실권을 지닌 인도에서 대통령직은 의전적인 국가원수 자리이지만, 아무튼 과학자로서 최고의 예우를 받은 셈이다. 그가 2015년 7월에 세상을 떠났을 때는 거의 모든 인도인이 그의 죽음을 애도했다고 전해진다.

미국의 수소폭탄 개발을 총지휘한 에드워드 텔러를 비롯해, 맨해튼 프로젝트에 참가했던 탁월한 과학자 중에는 유럽 중동부의 작은 나라인 헝가리 출신이 적지 않았다. 즉 우라늄 연쇄반응을 이용한 원자폭탄의 가능성을 처음 보여준 레오 실라르드(Leo Szilard, 1898-1964), 실라르드와 함께 아인슈타인(Albert Einstein, 1879-1955)을 설득하여 루스벨트 미국 대통령에게 나치독일에 대항하기 위한 미국의 원자폭탄 개발을 제언하도록 했던 유진 위그너(Eugene Wigner, 1902-1995), 원자폭탄의 새로운 기폭 방법을 컴퓨터 계산으로 입증하고 후에 '컴퓨터의 아버지'가 된 폰 노이만(Johann Ludwig von Neumann, 1903-1957) 역시 헝가리 출신이다.

이들 헝가리 출신 천재 과학자들이 도대체 무엇 때문에 인류의 파멸마저 초래할 수 있는 핵무기 개발에 매달렸는지는 흥미로운 대목이다. 혹시 오랫동안 유럽의 강대국에 시달려온 헝가리의 민족적 설움을 가공할 무기의 개발을 통해 풀어보려는 심리적 요인이 작용했던 것 아니냐고 해석하는 사람들도 있다. 특히 텔러는 수많은 과학자의 반대를 무릅쓰고 미국의 수소폭탄 개발을 밀어붙였을 뿐 아니라, 현재의 미사일 방어(MD) 체제의 원조 격인 1980년대 레이건(Ronald Wilson Reagan, 1911-2004) 행정부 시절의 '별들의 전쟁(스타워즈)' 계획까지 추진한 바 있다.

그러나 텔러나 칼람의 수소폭탄 개발은 필연적으로 다른 국가들의 반발을 일으킬 수밖에 없었고, 이는 군비경쟁과 핵무기 확산으로 이어졌다. 미국이 최초의 수소폭탄 실험을 끝낸 이듬해인 1953년에 구소련 역시 수소폭탄을 성공적으로 제작하였다. 뒤를 이어 영국도 1957년에 수소폭탄 실험을 성공시켰고, 중국과 프랑스 역시 1960년대에 수소폭탄을 제작하여 실험하였다.

인도의 수소폭탄 실험이 성공한 해인 1998년, 인접국이자 인도와 오랫동안 적대적 관계에 있던 파키스탄도 핵실험에 성공하여 핵무기 보유국 대열에 합류했을 뿐 아니라, 다른 개발도상국의 핵보유 의지 및 핵개발을 촉발시켰다.

우리나라 역시 핵무기의 유혹에서 자유롭지 못한 듯하다. 1990년대에 나온 소설 중에 한국인 출신 천재 물리학자가 박정희 정권하에서 비밀리에 핵 개발을 추진하다가 의문의 죽음을 당했다고 가정한 소설이 있다. 진실과는 전혀 무관하게 수백만 명의 독자를 감동시키며 큰 인기를 끈 적이 있는데, 대중은 '한국의 칼람', '한국의 텔러'를 기대했던 것일까? 그러나 핵무기의 짜릿한 유혹에 앞서서, 그 위험성을 먼저 우려해야 할 것이다.

참고 문헌

국내서

- 갈릴레오 갈릴레이, 이무현 역, 『대화 - 천동설과 지동설, 두 체계에 관하여』, 사이언스북스, 2016.
- 갈릴레오 갈릴레이, 이무현 역, 『새로운 두 과학 - 고체의 강도와 낙하 법칙에 관하여』, 사이언스북스, 2016.
- 강양구, 『과학의 품격』, 사이언스북스, 2019.
- 고재현, 『빛의 핵심』, 사이언스북스, 2020.
- 김명진, 『20세기 기술의 문화사』, 궁리, 2018.
- 김영식, 『과학혁명』, 민음사, 1984.
- 김영식, 임경순, 『과학사신론』, 다산출판사, 1999.
- 김영식 편, 『역사 속의 과학』, 창작과비평사, 1982.

- 김영식 편, 『근대사회와 과학』, 창작과비평사, 1989.
- 김웅진, 『생물학 이야기』, 행성비, 2015.
- 김찬주, 『나의 시간은 너의 시간과 같지 않다』, 세로북스, 2023.
- 김현철, 『강력의 탄생』, 계단, 2021.
- 노벨 재단, 이광렬/이승철 역, 『당신에게 노벨상을 수여합니다: 노벨물리학상』, 바다출판사, 2024.
- 노벨 재단, 유영숙/권오승/한선규 역, 『당신에게 노벨상을 수여합니다: 노벨생리의학상』, 바다출판사, 2024.
- 노벨 재단, 우경자/이연희 역, 『당신에게 노벨상을 수여합니다: 노벨화학상』, 바다출판사, 2024.
- 니콜라스 비트코브스키, 스벤 오르톨리, 문선영 역, 『과학에 관한 작은 신화』, 에코리브르, 2009.
- 다무라 사부로, 손영수/성영곤 역, 『프랑스혁명과 수학자들』, 전파과학사, 1991.
- 데산카 트르부호비치-규리치, 모명숙 역, 『아인슈타인의 그림자』, 양문, 2004.
- 데이바 소벨, 홍현숙 역, 『갈릴레오의 딸』, 웅진지식하우스, 2012.
- 데이비드 보니더스, 김민희 역, 『$E=mc^2$』, 생각의 나무, 2005.
- 데이비드 보더니스, 최세민 역, 『마담 사이언티스트』, 생각의 나무, 2006.
- 도모나가 신이치로, 장석봉/유승을 역, 『물리학이란 무엇인가』, 사

이언스북스, 2002.
• 드니 게즈, 문선영 역, 『앵무새의 정리1』, 끌리오, 1999.
• 드니 게즈, 문선영 역, 『앵무새의 정리2』, 끌리오, 1999.
• 드니 게즈, 문선영 역, 『앵무새의 정리3』, 끌리오, 1999.
• 레오 호우 외, 김동광 역, 『미래는 어떻게 오는가』, 민음사, 1996.
• 로버트 카니겔, 김인수 역, 『수학이 나를 불렀다』, 사이언스북스, 2000.
• 로베르트 융크, 이충호 역, 『천 개의 태양보다 밝은』, 다산사이언스, 2018.
• 로빈 헤니그, 안인희 역, 『정원의 수도사』, 사이언스북스, 2006.
• 로이스톤 M. 로버츠, 안병태 역, 『우연과 행운의 과학적 발견이야기』, 국제, 1994.
• 리처드 도킨스, 이용철 역, 『이기적인 유전자』, 두산동아, 1992.
• 리처드 도킨스, 과학세대 역, 『눈먼 시계공』, 민음사, 1994.
• 리처드 로즈, 문신행 역, 『원자폭탄 만들기1』, 사이언스북스, 2003.
• 리처드 로즈, 문신행 역, 『원자폭탄 만들기2』, 사이언스북스, 2003.
• 리처드 파인만, 김희봉 역, 『파인만 씨 농담도 잘하시네1』, 사이언스북스, 2000.
• 리처드 파인만, 김희봉 역, 『파인만 씨 농담도 잘하시네2』, 사이언스북스, 2000.
• 마가렛 체니, 이경복 역, 『니콜라 테슬라』, 양문, 2002.

- 마이클 패러데이, 박택규 역, 『양초 한자루에 담긴 화학이야기』, 서해문집, 1998.
- 마티아스 호르크스, 배명자 역, 『테크놀로지의 종말』, 21세기북스, 2009.
- 문환구, 『발명, 노벨상으로 빛나다』, 지식의날개, 2021.
- 민태기, 『판타레이』, 사이언스북스, 2021.
- 박익수, 『과학의 반사상』, 과학세기사, 1986.
- 박인규, 『사라진 중성미자를 찾아서』, 계단, 2022.
- 사이먼 싱, 박병철 역, 『페르마의 마지막 정리』, 영림카디널, 2003.
- 송희성, 『양자역학』, 교학연구사, 1984.
- 소련과학아카데미 편, 홍성욱 역, 『세계기술사』, 동지, 1990.
- 송성수, 『기술의 프로메테우스』, 신원문화사, 2006.
- 송성수, 『사람의 역사, 기술의 역사』, 부산대학교출판부, 2011.
- 송성수, 『세상을 바꾼 발명과 혁신』, 북스힐, 2022.
- 쓰즈키 다쿠지, 『맥스웰의 도깨비』, 전파과학사, 1979.
- 아서 밀러, 김희봉 역, 『천재성의 비밀』, 사이언스북스, 2001.
- 아이라 플래토, 황성현 역, 『작은 아이디어로 삶을 변화시킨 발명 이야기』, 고려원미디어, 1994.
- 아이작 뉴턴, 박병철 역, 『프린키피아』, 휴머니스트, 2023.
- 아이작 아시모프, 과학세대 역, 『아시모프 박사의 과학이야기』, 풀빛, 1991.

- 아포스톨로스 독시아디스, 정회성 역, 『골드바흐의 추측』, 생각의 나무, 2000.
- 야마모토 요시타카, 이영기 역, 『과학의 탄생』, 동아시아, 2005.
- 야마모토 요시타카, 김찬현/박철은 역, 『과학혁명과 세계관의 전환1: 천문학의 부흥과 천지학의 제창』, 동아시아, 2019.
- 야마모토 요시타카, 박철은 역, 『과학혁명과 세계관의 전환2: 지동설의 제창과 상극적인 우주론들』, 동아시아, 2022.
- 야마모토 요시타카, 박철은 역, 『과학혁명과 세계관의 전환3: 세계의 일원화와 천문학의 개혁』, 동아시아, 2023.
- 오진곤, 『서양과학사』, 전파과학사, 1977.
- 윌리엄 브로드, 니콜라스 웨이드, 김동광 역, 『진실을 배반한 과학자들』, 미래M&B, 2007.
- 이강영, 『LHC, 현대물리학의 최전선』, 사이언스북스, 2011.
- 이상욱 외, 『욕망하는 테크놀로지』, 동아시아, 2009.
- 이언 스튜어트, 안재권 역, 『위대한 수학문제들』, 반니, 2013.
- 이언 스튜어트, 김지선 역, 『세계를 바꾼 17가지 방정식』, 사이언스북스, 2016.
- 이인식, 『지식의 대융합』, 고즈윈, 2008.
- 이인식 외, 『세계를 바꾼 20가지 공학기술』, 생각의 나무, 2004.
- 이태규 편, 『이야기 수학사』, 백산출판사, 1996.
- 임경순, 『20세기 과학의 쟁점』, 민음사, 1995.

- 임경순, 『100년만에 다시 찾는 아인슈타인』, 사이언스북스, 1997.
- 임경순, 『21세기 과학의 쟁점』, 사이언스북스, 2000.
- 임경순, 『현대 물리학의 선구자』, 다산출판사, 2001.
- 장수하늘소, 『과학신문1 – 생물·지구과학』, 파라북스, 2006.
- 장수하늘소, 『과학신문2 – 물리·화학』, 파라북스, 2007.
- 장회익, 『과학과 메타과학』, 지식산업사, 1990.
- 장회익, 『양자역학을 어떻게 이해할까?』, 한울아카데미, 2022.
- 제레미 리프킨, 전영택/전병기 역, 『바이오테크시대』, 민음사, 1999.
- 제임스 클리크, 박배식 역, 『카오스』, 동문사, 1993.
- 정세영, 박용섭 외, 『물질의 재발견』, 김영사, 2023.
- 존 더비셔, 박병철 역, 『리만 가설』, 승산, 2006.
- 존 호건, 김동광 역, 『과학의 종말』, 까치, 1997.
- 최무영, 『최무영 교수의 물리학 강의』, 책갈피, 2019.
- 최성우, 『과학사X파일』, 사이언스북스, 1999.
- 최성우, 『상상은 미래를 부른다』, 사이언스북스, 2002.
- 최성우, 『과학은 어디로 가는가』, 이순, 2011.
- 최성우, 『대통령을 위한 과학기술, 시대를 통찰하는 안목을 위하여』, 지노, 2024.
- 카이 버드, 마틴 셔윈, 최형섭 역, 『아메리칸 프로메테우스』, 사이언스북스, 2010.

- 칼 세이건, 홍승수 역, 『코스모스』, 사이언스북스, 2006.
- 케이스 데블린, 전대호 역, 『수학의 밀레니엄 문제들7』, 까치, 2004.
- 토머스S. 쿤, 김명자/홍성욱 역, 『과학혁명의 구조』, 까치, 2013.
- 퍼시 윌리엄스 브리지먼, 정병훈 역, 『현대 물리학의 논리』, 아카넷, 2022.
- 하이젠베르크, 김용준 역, 『부분과 전체』, 지식산업사, 2005.
- 한겨레신문 문화부 편, 『20세기 사람들 - 상』, 한겨레신문사, 1995.
- 한겨레신문 문화부 편, 『20세기 사람들 - 하』, 한겨레신문사, 1995.
- 한정훈, 『물질의 물리학』, 김영사, 2020.
- 한학수, 『여러분! 이 뉴스를 어떻게 전해 드려야 할까요?』, 사회평론, 2006.
- 홍성욱, 『생산력과 문화로서의 과학기술』, 문학과지성사, 1999.
- 홍성욱, 『과학은 얼마나』, 서울대학교 출판부, 2004.
- 홍성욱, 『홍성욱의 STS, 과학을 경청하다』, 동아시아, 2016.
- 홍성욱, 『실험실의 진화』, 김영사, 2020.
- 홍성욱, 이상욱 외, 『뉴턴과 아인슈타인, 우리가 몰랐던 천재들의 창조성』, 창비, 2004.
- 吉藤幸朔, YOU ME 특허법률사무소 역, 『특허법개설』, 대광서림, 1997.
- 中山茂, 이필렬/조홍섭 역, 『과학과 사회의 현대사』, 풀빛, 1982.

•A. 섯클리프, A. P. D. 섯클리프, 박택규 역, 『과학사의 뒷얘기I – 화학』, 전파과학사, 1973.
•A. 섯클리프, A. P. D. 섯클리프, 정연태 역, 『과학사의 뒷얘기II – 물리학』, 전파과학사, 1973.
•A. 섯클리프, A. P. D. 섯클리프, 이병훈/박택규 역, 『과학사의 뒷얘기III – 생물학·의학』, 전파과학사, 1974.
•A. 섯클리프, A. P. D. 섯클리프, 신효선 역, 『과학사의 뒷얘기IV – 과학적 발견』, 전파과학사, 1974.
•E. H. 카아, 길현모 역, 『역사란 무엇인가』, 탐구당, 1982.
•J. D. 왓슨, 하두봉 역, 『이중나선』, 전파과학사, 1999.
•KISTI 메일진, 『과학향기』, 2004, 북로드.

국외서

• Arthur I. Miller, 『Albert Einstein's Special Theory of Relativity』, Addison-Wesley, 1981.
• Bryan H. Bunch, Alexander Hellemans, 『The Timetables of Technology』, Simon & Schuster, 1993.
• Carroll W. Pursell, 『Technology in America: A History of Individuals and Ideas』, MIT Press, 1981.
• David Halliday, Robert Resnick, 『Fundamentals of Physics – Second Edition』, John Wiley & Sons, 1981.

• J. D. Bernal, 『Science in History』, MIT Press, 1971.
• John Reitz, Frederick Milford, Robert Christy, 『Fundamentals of Electromagnetic Theory – Third Edition』, Addison-Wesley, 1984.
• Keith R. Symon, 『Mechannics – Third Edition』, Addison-Wesley, 1978.
• Lance Day, Ian McNeil, 『Biographical Dictionary of the History of Technology』, Routledge, 1998.
• Loren R Graham, 『Science and Philosophy in the Soviet Union』, Knopf, 1972.
• Matthew Josephson, 『Edison: A Biography』, McGraw-Hill, 1959.
• Richard Feymann, Robert Leighton, Matthew Sands, 『Lectures on Physics – Mainly Electromagnetism and Matter』, Addison-Wesley, 1981.
• Richard Feymann, Robert Leighton, Matthew Sands, 『Lectures on Physics – Quantum Mechannics』, Addison-Wesley, 1965.
• Samuel Smiles, Thomas Parke Hughes, 『Selections from Lives of the Engineers』, MIT Press, 1966.
• Stephen Gasiorowicz, 『Quantum Physics』, John Wiley & Sons, 1974.
• Stephen F. Mason, 『A History of the Sciences』, Macmillan General Reference, 1962.
• Sungook Hong, 『Wireless: From Marconi's Black-Box to the Audion』, MIT Press, 2001.

웹사이트

- 변화를 꿈꾸는 과학기술인 네트워크(ESC) https://www.esckorea.org
- 사이언스타임즈 https://www.sciencetimes.co.kr
- 생물학정보연구센터(BRIC) https://www.ibric.org
- 한국과학기술인연합(SCIENG) http://www.scieng.net
- 한국과학창의재단 https://www.kofac.re.kr
- KISTI의 과학향기 https://scent.kisti.re.kr/
- Wikipedia https://en.wikipedia.org/wiki/